典藏珍品

中国·新疆历代和阗玉博物馆

中国文化出版社

图书在版编号（CIP）数据

新疆历代和阗玉博物馆典藏珍品/池宝嘉 主编.—中国文化出版社，2012.09
ISBN978-988-62138-1-0/Y.1083
Ⅰ.和… Ⅱ.池… Ⅲ.艺术.和阗玉—中国—当代Ⅳ.2342
中国文化出版社CIP数据核字（2012）第20120199号

新疆历代和阗玉博物馆典藏珍品

主　　编：池宝嘉

出　　版：中国文化出版社

网　　址：http://www.zgwh.cn

发　　行：中国文化出版社发行部

地　　址：北京市丰台区太平桥中路威尔夏大道3C

责任编辑：雨涵

版式设计：张洁

印　　刷：中国文化出版社印刷厂

开　　本：889×1194mm 1/16

字　　数：14.5千字

印　　张：5.5

印　　数：1-3000册

版　　次：2012年9月第一版　第一次印刷

书　　号：ISBN978-988-62138-1-0/Y.1083

定　　价：280.00元

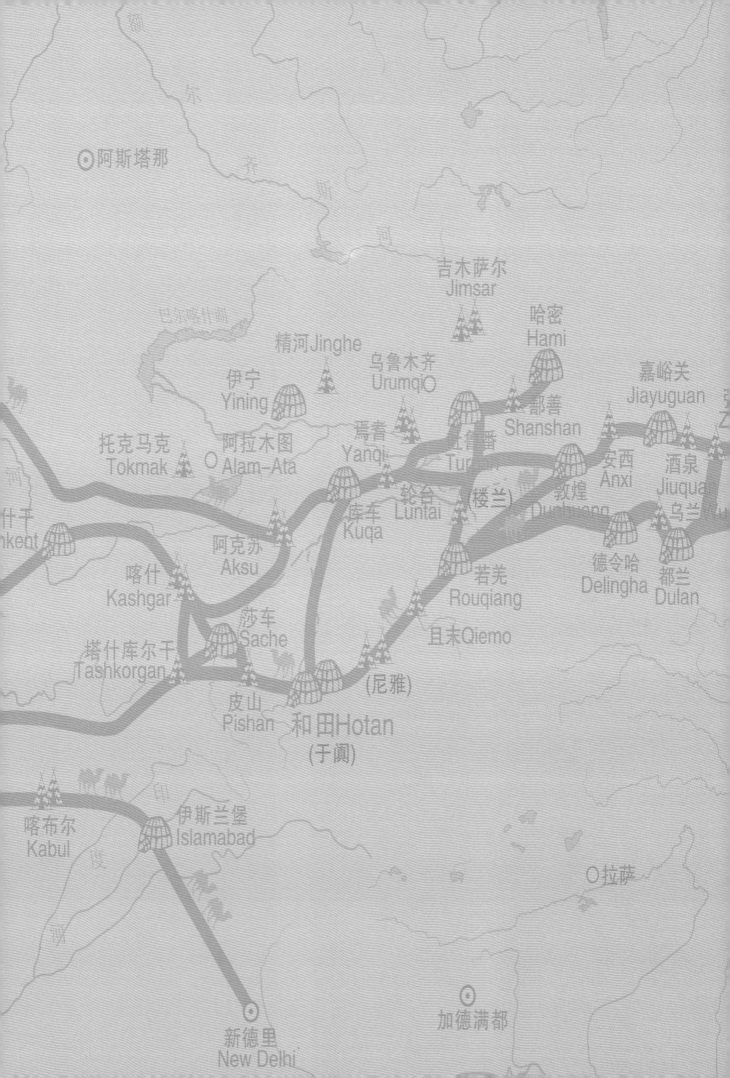

CONTENTS

贺　信

序

专题文章

展览内容

MESSAGE

中 华 文 明 的 瑰 宝

新疆历代和阗玉博物馆：

　　欣闻新疆历代和阗玉博物馆正式开馆，特致以热烈的祝贺。

　　新疆和阗玉是中华文明的瑰宝，是新疆特有的文化资源，具有古老的历史脉络和恒久的历史气息。新疆和阗玉晶莹剔透、温润可人，是高尚圣洁、美好富贵的象征，也是和谐文化的重要载体。贵馆以采玉场景、历史故事、治玉作坊、珍贵古玉等实物、图片和雕塑，全方位多角度的续写了多姿多彩的和阗玉文化，内容充实、技法娴熟、主题鲜明，填补了我国专题性博物馆在和阗玉文化展示方面的空白。

　　衷心感谢贵馆对国家博物馆工作的大力支持与帮助。愿我们团结协作，为繁荣博物馆事业、弘扬中华民族悠久历史文化、构建社会主义和谐社会贡献力量。

中国国家博物馆

二〇〇六年十一月七日

FOREWORD

池宝嘉
新疆历代和阗玉博物馆馆长

中 国 和 阗 玉

玉之本质为石。《说文解字》指出："玉，石之美"，诠释了玉在石中的美感观念。在世界名目繁多的玉石品种中，产自今天中国新疆昆仑山深处的和阗玉因其内质和外观之独特品性而最为珍贵，最受崇爱。华夏民族的祖先经过上万年的漫长岁月，方完成对这种大地珍品的认知和理解。

中国最早的地理著作《山海经》记载："峚山，其中多白玉，是有玉膏……黄帝乃取峚山之玉荣，而投入钟山之阳"。《越绝书外传》提到"黄帝之时，以玉为兵，以伐树木，为宫室凿地"。《竹书记年》说："帝舜有虞氏九年，西王母来朝，献白环、玉块"。古老史籍中有关和阗玉功能与价值记录早已言之凿凿。考证出土玉器，先民对各类杂玉利用，约有万年历史，而和阗玉进入社会生活，距今应有五六千年之久。

玉之极美，乃是表象，用之为器，延至饰物，则为特殊内质独能发挥之功用。真正将玉与人类内心感念这种非物质之精神思维相联系，约在新石器时代晚期。北方红山，南方良渚，此期玉器尤为典型。原始宗教亦盛行这一时期，诱因为蒙昧时代晚期，初入文明，古人对社会进程与自然变化迷茫不

清，坚信天地神灵与法力。而凡人无法与神祇相通，巫师则承担此类重任。考证出土玉器，巫师之魂负责升天、事神、媚神、享神，神之旨意由其带回转达。拜见神祇，须充满敬意，双手奉礼，美玉因在古人心中之神圣地位，便成为首选和必选之物。

此观点从《山海经》中所记："峚山……其中多白玉，是有玉膏，其原沸沸汤汤，黄帝是食是飨"。"谨瑜之玉为良……天地鬼神，是食是飨"得以论证，籍此看出，玉，可以事帝，而玉之极品谨瑜之玉即昆仑山和阗玉必须奉供比帝王更神圣之天地神祇。

依古人之见，混沌世界，天圆地方，因此，礼器中最常见之圆璧与方琮，分别用以祭拜天神与地祇。

人们相信，生命源自天地，玉器上便雕琢想象中的神祇形貌和生命符号，试图以此产生感应法力，沟通神祇祖先，汲取智慧，获得庇佑。

玉制作礼器成为人神相通介物，亦是贵人身份的标志。夏、商、周三代均大量以和阗玉雕琢繁美精致之瑞物，在宗庙祭典和朝廷议事之时，发挥形而上功能，维系礼制。

春秋时期，百家争鸣，和阗玉之价值观产生重要变化。儒家将其宗教文化元素输入道德内涵，总结对应玉之表里特质，确立"十一德"、"九德"之说，得到中国各阶层广泛认同。纷繁复杂之汉字体系内，凡玉，均为美词，不胜枚举，绝无反义。和阗玉成为君子的化身和代表，规范人们操守和社会实践。时至东汉，玉之"十一德"又被许慎浓缩为"仁、义、智、勇、洁"五德，基本涵义与孔子一致而更精准。

汉室崇玉之风大盛，生者佩玉食玉，亡者披玉伴玉，从"视死如生"的习俗中不难见上层社会对和阗玉之迷恋。

李唐以降，国力强盛，社会开放，和阗玉器之神性与气势似不复前朝，空灵奇巧之物件仍有出现。

宋玉思想内涵平平，然仿古精品倍出，用料讲究内质色泽，题材重视生活品位。此期和阗美玉不独为神祇与王室专用，亦是时代进步。辽、金与宋并立，玉作成就相当，惟多游牧风趣而减文人气息矣！

明代用玉量多体大，和阗玉材独霸中原，民间治玉规模可观。

清代玉作空前繁荣，恢弘巨器与民间小件并存，帝王贵族之政治生活、日常用品、礼乐祭祀、典章制度几乎不可无玉，和阗玉器成为支撑内廷物质与精神生活之支柱。

延至二十一世纪，和阗玉更为社会珍品。京人对日益稀少之和阗玉材皮色及内质十分考究，达官贵人或街头百姓，议玉之言论均深刻而富于激情。其价值取向沿袭皇室用玉之风而有过之而不及。

穿越五千年历史时空，和阗玉为中华精神文明见证与物质文明载体。其坚韧、厚重、温润之独特品质成为世界品牌；其哲学内涵与人文精神因具有全民思想基础历经战乱而从无颠覆，其漫长岁月留下之无数美好或险恶传奇故事，成为社会珍贵回忆；其变化万端之造型与色彩形成收藏和珠宝市场高潮不断的亮点。

总之，自古到今，和阗玉始终是中国社会主流核心人群乐于交流的永恒话题。

中国新疆历代和阗玉博物馆基本陈列为条件所限，各年代展品未能一一显示经典器型，殊为遗憾。诚如此，开馆伊始，国内知名博物馆、专业商会和资深人士均以各种形式表示祝贺与关切。中国国家博物馆贺信称：贵馆全方位多角度续写了多姿多彩的和阗玉文化，内容充实，技法娴熟，主题鲜明，填补了我国专题博物馆在和阗玉文化展示方面的空白"。勉励之语，真情可贵。在此谨对各界之支持一并表示衷心感谢。

现将本馆之珍藏与社会各界共同赏析之，祈盼专家同仁与广大爱玉人士评判指导。

和阗玉的色皮

文 / 池宝嘉

提要：

皮，在和阗玉的价值构成中，历来占有十分重要的地位，皮亦是判断和阗籽料的重要标准。

古代将玉皮称之璞，它附着在和阗玉籽料外表，有多种形态和色彩。明代科学家宋应星在《开工天物》中说，"凡璞藏玉，其价无几……古代帝王取以为玺，所谓连城之璧，也不易得。"著名学者谢彬在《新疆见闻录》中写道："有皮者价尤高，皮有洒金、秋梨、鸡血等名，盖玉之带璞者，一物往往数百金"。

中国玉文化学者池宝嘉先生所著《和阗玉价值论》的第三部分，对和阗玉籽料的色皮作了详尽的分类和论述，现摘录部分文字并配以新疆历代和阗玉博物馆的馆藏珍品标本图片，与广大玉友分享心得。

中华瑰宝和阗玉是山川的精华，大地的舍利。和阗玉的籽料经过昆仑山风雪流水亿万年的冲刷磨砺，经过大自然多种矿物元素的侵蚀，大多数附着或深或浅的不同色皮。关于和阗玉籽料的色皮，古人和今人十分珍视，玉籽如有珍奇美丽之皮，采获者不称得玉而称得宝。在目前的和阗玉国标检测体系中，色皮并不列入检测项目，没有系统科学的研究和明确的标准。今天我们对和阗玉色皮进行分析研究，是对和阗玉价值判断评估标准的完善和补充。功在当代，利在千秋。

一、关于玉皮

地矿界一般认为，和阗玉的外皮有三类，即石皮、糖皮和色皮。

第一、石皮。这是因玉与非玉石材混合生成，开采时非玉之石附着于玉的表面，有厚有薄，有全包裹或半包裹，开采时往往没有完全剥离，籽料经流水冲刷形成过程中，有些包裹于外的石皮或

和阗玉石皮籽料

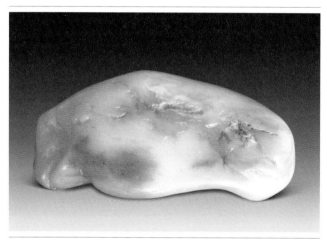
和阗玉糖皮籽料

和阗玉金皮籽料

许仍未冲刷干净，或者，有的美玉完全包裹于石皮之中。还有一类是美玉长期沉入河床戈壁，外表氧化严重，逐渐形成的非玉皮壳坚厚。这两类又被称为"石包玉"，是一种典型的厚皮璞玉。

第二、糖皮。这是玉料经富含铁元素的水土长期侵蚀氧化，外表形成黄褐色或红褐色或深褐色的玉层，因颜色似糖色，人称糖玉。糖玉与白玉或青玉呈混合状，厚度较大，一般从几厘米到20厘米以上。糖玉是氧化环境的产物，是氧化亚铁元素在氧化环境中与水混合长期浸染玉体的结果。剥离糖玉时留下一层较薄的糖色，即是糖皮。

第三、色皮。这是专指籽料外壳表层分布的色皮，属于在长年水土浸染风雨剥蚀过程中形成的次生色。普通的色皮较薄，大概在一毫米以内，其色形多种多样，有的呈云朵状，有的呈条脉状，有的呈片状，有的呈聚集状，有的呈散点状。它的形成机理仍是三氧化二铁等元素所致。一般来说，新疆和田地区昆仑山沿线产玉河流的上游寻到色皮籽料的机会不多，色皮籽料多沉积在玉河的中下游，小籽居多，珍奇的色皮大籽百年难见。经过近年疯狂采挖，小籽料也很难找到了。

关于和阗玉的皮，有人说，还有光皮和浆皮，光皮指的是在玉的表层琢磨抛光产生的极薄皮层；浆皮指的玉籽或玉件经过盘玩后形成的包浆。但这两种说法与玉界公认的玉皮不是一个概念。爱玉的人还经常说真皮和僵皮，这是一个外皮优劣的问题，真皮自然是指天然形成的优质色皮，而僵皮是石皮的遗留物或玉料劣质部分外表所形成。

同样，玉界还经常提到生皮和熟皮、活皮和死皮、细皮和粗皮、阳皮和阴皮。生皮是未盘玩的皮壳，熟皮是经常把玩盘养后的皮壳；活皮是籽料外表优质的，具有艺术价值的皮层，死皮是皮下脏烂、僵化、很难加工利用之皮层；细皮和粗皮不用细讲，质量不同而已；籽料一般都有阴阳两面，阳面玉质较好，皮亦明亮美观，阴面玉质较差，皮亦晦涩难看，这即是阳皮和阴皮。

如果从籽料外表色皮与籽料本色的关系来分析，还有彩皮和自然皮的区别。自然皮是籽料玉表色皮与内质本色基本一致，这是本色的皮状，玉界俗称的"光白籽"即是指白玉籽料或羊脂玉籽料表层无色的那个种类，其它色种的玉籽也有这种表层与玉籽本色一致的现象。自然皮的籽料形成原因有两种，第一种是流水冲刷并沉积水土年月短暂一些，沁染不多；另一种是因为玉质紧密，外界的矿物离子沁入困难，这是结构优良的表现。而彩皮的色皮与籽料内质本色不一致，玉界所描绘的各种珍稀色皮籽料，都说的是经过大自然造化形成斑驳陆离的彩皮。

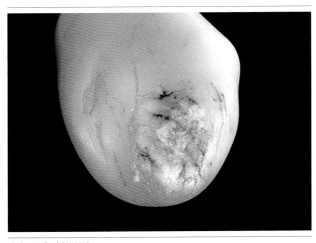

和阗玉籽料阴面

综上所述，和阗玉籽料的价值与籽料的色皮密切相关，我所讲述籽料的皮，主要指玉籽表层次生的五彩色皮。这种色皮可以分为观赏皮和单色皮两大类。观赏皮一般指表皮是呈现山水风景似的绚丽画面，这种景致极具观赏性，美学价值极高，或五彩斑斓，或空灵绝妙，文化内涵丰富，堪称大自然的杰作，世上罕见的天然珍品。业内有"玉出五色，价值连城"之说，可见玉籽表面呈现多彩绚丽的色皮价值之珍贵。单色皮是另一种景致，它的色皮在籽料的表层是单一的，如红皮、黄皮、金皮、黑皮，玉雕技师们更看重美观单一色皮，这便于他们创作设计和巧雕，而收藏界除了收藏单色皮籽料外，对观赏色皮的籽料是另类的珍视，若见到一块鹿皮子、虎皮子籽料，如痴如醉，这是不同美学价值的珍品。彩皮籽料，无论是观赏皮或单色皮，均要视其不同的色皮形态和色状判断其价值。

二、色皮之美

美的判断应是应是令人愉悦的，它有时代的标准，但不会像数学公式那样准确，每个人对美的理解都会有不同的差异。因此，对和阗玉色皮之美，对和阗玉珍奇色皮的价值评估很难形成统一的国际标准。这是和阗玉区别于钻石、宝石的特色。

色皮是外观，也就是人们俗称的"卖相"，这种观感在收藏界和商业圈显然是重要的。如果籽料的外观不美而内质优良，可以作为加工料，琢为珍品是和阗玉料与工综合的价值体现。而收藏级别的玉籽必须是极具美学价值的，极其完美

云朵状皮色

条墨状皮色

籽料表层的复合皮色

收藏价值的，其价值与工艺无关。

和阗玉籽料珍奇的色皮天然次生，美玉经过大自然千万年的氧化与磨砺，形成褐、红、黄、黑等各色各样、深浅不一的外色，天然的色彩令人赏心悦目。

色皮之美主要表现在色彩的图案（观赏皮）和颜色（单一皮），天然的色皮是发散的，如水彩画中的颜色，深浅适宜，自然晕开。它的色相不一定完美，皮下或许会有瑕疵、杂质或者裂纹，但它的色彩有流动之感，这种美感是呆板的假皮所无法企及的。

天然籽料的色皮绝无定势，皮相多彩多样，从籽料的表层可以细细观察它的玉性和瑕疵。玉师们在相玉时，会用自己的审美理想去观察色皮与作品的关系，每一个爱玉人士都可以想像籽料外层色皮的图案和皮势的变化。

色皮的美感包含以下几个方面的内容：

第一、色种。

是红色还是黑色，或是黄色，或是褐色，每一个大的颜色种类下又可分为若干小类。

第二、色度。

根据色皮的浓艳与纯正程度分为若干级别。

第三、色形。

指分布在玉表的形态，是条脉状，还是洒金状，或是云朵状，或是片状。

第四、色层。

玉表颜色的组合状况，单一还是组合，不同颜色覆盖玉表的年代特征与地质特征。

这些内容特征综合起来形成籽料色皮的个

性，因此，色皮之美是自然成趣的，是独一无二的，是鬼斧神工的。当然事实上和阗玉美的本质在"内"，在玉的感觉，古人所谓"玉德"讲的是玉的内在品质，这和以"色"为主的翡翠是不同的。我们讲色皮之美是描述玉的外表，如同衣饰，它可以增添美感，可以掩盖一些内质的缺陷与不足，如果雕刻一块玉料，内质细腻白润，外表却覆盖着大面积的色皮，这就需要巧妙处理，使本质之美不至于全部掩映于色皮之中。色皮是对美玉内质的补充，是相辅相成的。

三、色皮的种类

和现有国家标准将和阗玉本色分为七类不同，从古到今，对和阗玉色皮之美以及对和阗玉皮色的分类只是美学的描述，是民间的认识，是业内的形容词。根据近年我在新疆历代和阗玉博物馆的研究，并对新疆玉石市场和馆藏籽料标本进行归纳分析，和阗玉籽料的色皮可分为红皮、黄皮、金皮、褐皮、虎皮、黑皮、其它皮等大类。民间描述的各类色皮均包括在这些大类里。本文所叙述玉界对玉皮的不同说法，是不同的概念。我对色皮的分类是专指和阗玉籽料外层天然形成的色皮，即与玉本色不一致的它色彩皮。

第一、红皮。

在中国传统文化中，红色是吉祥色，是喜庆、吉祥、热烈、激情、光明的象征。中国古代许多宫殿和庙宇的墙壁都是红色的。它还有驱逐邪恶的意义，不仅在中国，国外的一些民族也有这种习俗。中国传统文化中"五行"中的"火"，对应的颜色就是红色，八卦中的离卦也象征红色。

红皮在和阗玉籽料的色皮中是价值等级很高的一个种类，也是造假者热衷的一个种类。按照珠宝玉石鉴定专家学者的观点，市场上大多数和阗玉籽料的色皮都是假的，大多数鲜艳的红皮和其它色皮都是染色所致。当然，珍稀的红皮确实是很难见到。这里有两个问题，一是染色籽料太多，天然真皮太少；二是真皮籽料在河床里拣拾出来时，色皮并不鲜明，经过拾玉人收藏者天天盘玩，色皮会日益显现出来，变得油润美丽。这同出土的满沁古玉一样，生坑古玉是灰色的，看不出玉质，经过长期盘玩后成为熟坑古玉，内质和皮壳会逐渐显现出来。

清代椿园的《西域闻见录》中对新疆叶尔羌河所产和阗籽玉有所描述："其地有河产玉石子，大者如盘、如斗，小者如拳、如粟，有重三四百斤者。各式不同，如雪之白、翠之青、蜡之黄、丹之赤、墨之黑者皆上品。一种羊脂朱斑，一种碧如波斯菜，而全片透湿者尤难得。河底大小石，错落平铺，玉子杂生其间。"

可见，过去在新疆产玉河流中，常可见各类色皮的玉籽，这些彩皮籽料是珍稀的，难得的。"羊脂朱斑"，即我们现在说的红皮羊脂玉，古往今来都是珍品。所谓好玉无皮，指的是玉肉紧密，不易形成色沁，但此类观点也不能绝对，亿万年流水冲刷，沙土侵蚀，色皮形成实属正常。

和阗玉籽料的红皮，又分为枣红色和朱砂色两类。枣红色皮更深一些，而朱砂色皮浅一些。市场上有一些十分鲜艳夺目的红皮籽料，应该有问题，不太可能红到这种程度的。

第二、黄皮。

中国传统文化中黄色的含义是明亮和富贵，是财富的象征。它在传统"五行"学说中位居五色之中，是帝王之色，这体现了古代对地神的崇拜。《通典》注云：

"黄色中和美色，黄承天德，最盛淳美，故以尊色为溢也。"黄色是大地的自然之色，这种颜色代表了"天德"之美，也就是中和之美。中国自唐朝开始，"天子常服黄袍，遂禁士庶不得服，而服黄有禁自此始。"可见，黄色在中国古代是法定的尊色，象征皇权、辉煌和崇高。至今，黄

枣红皮籽料

朱砂皮籽料

色仍是古老中国的象征。

金黄象征财富，明黄象征皇权，中华民族是炎黄子孙，但西方对黄色的理解不同，中西文化对颜色的理解是有差异的。

和阗玉籽料的黄皮可分为粟黄色、秋葵色、象牙色、芦花色四类。如果说，在传统文化中黄色是尊贵和财富的象征，那么，黄皮籽料在今天则富含时尚的元素，黄皮籽料在市场上极受追捧，是高品质玉的特征。

粟黄皮是玉皮颜色较深并且比较均匀的一个类别，给人的感觉是沉稳富贵。

秋葵皮颜色显得老气一些，形成年代久远的好玉表层才会有秋葵色。

象牙皮较浅淡，表面极薄的一层，好玉的肉质沁入外来元素困难，可形成这种浅色。

芦花皮的基调是黄色的，深浅不一定均匀，显得粗一些，有点灰黄的感觉。

从色彩来看，秋葵皮在黄皮籽料中为高贵主流色皮，均匀的粟黄皮不多，象牙皮的玉肉极为细密，但不多见。芦花皮的色调在美观程度上不及前面这几类，但是因其未全面遮盖籽料，如果可见优质的玉肉仍是珍贵的。

第三、金皮。

金色和红色、黄色都是接近的，这种颜色往往归入红色或黄色。实际上，金色是黄色偏红，比黄色更鲜亮的颜色，它比黄色更奢侈，更华丽。因此，金色象征高贵、荣耀、华贵、辉煌，是一种辉煌的色彩。

和阗玉的金皮籽料价值极高。特别是洒金皮极受重视。洒金皮一般出现在籽料表层汗毛孔处，呈星星点点分布状态，好像夜空洒落的繁星。这是玉质细密，沁色难以入内形成的。这类籽料的

玉肉能够清晰可见，又有美丽的色皮，当然是珍贵的种类，洒金皮和象牙皮一样属于极薄的色皮，在不破形、不开窗的情况下，便于看透内质，但是，由于色皮太薄，很难看到色根渗入肉内，这会给造假者带来造假的机会。洒金皮的真假是很难分辨的。

栗黄皮籽料

有的籽料肉质脂白细腻，外表包满或基本包满金色，业界称之为"金包银"，这类珍稀金皮籽料实难见到，价值奇高。

还有些籽料的色皮是一种金红的色调，给人十分华丽辉煌的感觉。　第四、褐皮。褐色沉稳、淳厚、严密、深沉。它是红色和黄色之间含有较灰暗色彩的颜色，棕色、赤色、咖啡色、茶色都属于这种颜色。

秋葵皮籽料

褐色虽然没有红色、黄色那种热烈、喜庆和辉煌的色彩，在和阗玉籽料中，却是最常见的主流色皮。它或深或浅，以深色调居多，人们最熟悉的秋梨皮就是属于褐皮，这是形容词。褐皮籽料的玉质一般都很好，内质优良的珍品籽料大部分都出自秋梨皮、洒金皮、秋葵皮和自然皮。在色皮的分类中，鹿斑皮和芝麻皮也可归入褐皮系列。鹿皮子在古代就是名贵色皮籽料，褐色带深斑点，类似梅花鹿的色皮而得名。芝麻皮过去少有人提及，这个种类也很珍奇，过去认为这类色皮内的玉肉可能没有保证，但我分析了若干枚芝麻皮的小籽，其露出的羊脂级玉肉让人爱不释手。

象牙皮籽料

第五、虎皮。

虎皮是名贵的籽料色皮，顾名思义，这种色皮如老虎皮的斑纹，是特殊的天然艳丽，惊世绝伦。一般来说，虎皮籽有两大类，一类是虎斑皮，黄色基调上复合黑褐色，形成老虎皮似的斑纹图案，这类色皮通常是本色的黄玉经矿物元素多年

芦花皮籽料

金红皮籽料

洒金皮籽料

金包银籽料

秋梨皮籽料

沁染形成。另一类是碎花皮，籽料的本色是白玉，也是由不同的矿物元素多次沁染形成。

虎皮籽料的价值在于珍稀美丽，它不像洒金皮或秋梨皮那样容易分析内质，如果外皮全包而不见内肉，作为一种观赏色皮而收藏非常适宜，一旦能看见玉质为纯黄或细润的脂白，那就是价值连城之宝了。和阗青玉籽或碧玉籽、墨玉籽一般不会形成虎斑的色皮。

第六、黑皮。

黑色在中国唐代以前是宫廷的主流服饰，是高贵的颜色。它深沉、冷峻、高贵而神秘。当然，一个时代有一个时代的审美取向，秦汉时代黑色服饰在宫廷是庄严，而唐代以后皇家贵族则专宠黄色了。但是黑色作为一种经典颜色的身份千百年来从未改变。

和阗玉籽料外表黑皮的形成当然与石墨元素沁染有关。这种黑皮是外表的而不是内质的本色，透闪石的白色基质整体渗入石墨元素那属于墨玉，而黑皮与黑肉显然是不同的。

根据黑皮颜色的深浅程度，和阗玉的黑皮又与为乌鸦皮和烟油皮两大类。乌鸦皮属于纯黑色一类，而烟油皮是黑褐色。黑皮籽料不如褐皮籽料多见，在大籽料上更难见到。值得注意的是，市场所说的黑皮料通常指俄罗斯玉的黑皮料。这类黑皮料块重较大，玉质也很好，很受市场追捧，但它不是籽料。玉商们往往将俄料黑色的层面切开后留一点黑沁色，加工为成品后如同籽料的黑皮。也有一些真正的黑皮俄罗斯籽料，它与新疆产的和阗黑皮玉籽仍然是不同的。

第七、其它色皮。

和阗玉的色皮除了单色皮和图案美观的观赏皮。还有一些不规则的混合色皮和色斑模糊的色

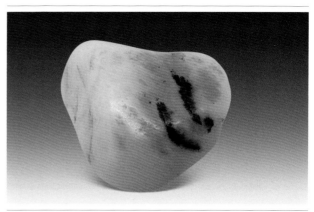

鹿斑皮籽料

皮。这些色皮如果内质不佳，观赏性不强，则没有什么收藏的经济价值。

四、真皮与假皮

按照当前的和阗玉检测标准，凡透闪石玉均归入和阗玉的系列。这就使新疆正宗的地产和阗玉与国内其他省区的透闪石玉以及国外的透闪石玉很难区别，以正宗和阗玉为收藏取向的玉友们往往一头雾水，但是，如果否定当前的和阗玉检测标准，在外观和理化指标基本相同的情况下，谁能够清楚地辨认和阗玉的产地？行业内常说"籽料去了皮，神仙认不得。"所以，辨认新疆和阗玉，比较准确的方法是看有皮的籽料，有皮的籽料是新疆独特地质条件形成的，优质的和阗玉也主要指籽料。收藏和阗玉籽料主要从辨认皮色入手。

芝麻皮籽料

判断和阗玉籽料色皮真伪，需要若干理论的知识和大量的实践经验。归纳起来有以下几个方面：

第一、判断色皮形态。

1.真皮籽料的色皮是有层次的。这是因为和阗玉籽料在水流中经受上万年冲刷，水土中矿物元素的沁染逐渐形成，皮层受损或风化的部位逐渐氧化，有裂纹之处颜色会较深，这种色皮的生成自然是有层次的，是深浅不匀的。而假皮缺乏层次感，用现代技术烧烤染色成皮的生硬感觉尤为明显。

虎皮籽料

2.真皮籽料的色皮一般来说是有渗入痕迹的。这个问题比较复杂，不可一概而论。我们说，观察籽料的自然色皮要看有无色根，色根即自然

碎花皮籽料

乌鸦皮籽料

烟油皮籽料

沁染形成颜色而外层经水流冲刷氧化变浅形成的。有人说，没有色根都看作假色，这倒不一定，有的籽料色皮太浅，只是玉籽的内质紧密沁不进去而已，但散布在外表的色斑用放大镜细看，仍有或多或少的沉积痕迹。有一种观点说真皮是薄皮，厚度小于一毫米，事实上，真皮的厚度并没有一定标准。可能基本上没有什么厚度，痕迹而已，也可能远厚于一毫米，新疆历代和阗玉博物馆珍藏的一块秋葵色厚皮籽料皮厚有一厘米，内质极佳，细密润泽，为暖色的羊脂状，这种厚皮料当然是真皮，形成年代久远，属真正的老皮子。可以说，有色根的基本是真皮，无色根的再以其他方法细考。

假皮的颜色多漂浮在外层，色调一般是比较单一的。这是普通的染色法，只是依靠煮、烤、

染来做色。现在，真正下了功夫来作假色的，采用了更高明的技术将颜色沁入玉的皮层，这可以沁入结构较松散的韩料，真正的好籽料人工沁入皮层仍然很难。人工染色进入和阗玉皮层的，以石皮居多，没有层次感，而且粗细层面截然不同。至于糖皮磨薄后充作天然色皮，须细看渗入的深浅状态，糖色与内肉的过渡往往是含混不清的，即使只留极小部分糖色作皮，这种与天然色皮仍有区别。

3.真皮的颜色是自然分布的。和阗玉籽料的色皮多为氧化形成三氧化二铁所致，所以以黄、红、褐、黑为主色居多。具体幻化组合的颜色丰富多彩，它的分布无论是斑点，还是包裹，或是条纹，或是云状，人工难以形成。

假皮的颜色往往边界分明，缺乏自然的过渡，有的如贴上一片颜色，显得生硬，有的过于鲜艳。少数以极其妙巧的染色方法制作洒金皮或秋梨皮很难判断。

第二、细观时代痕迹。

1.真皮籽料一般会有自然的绺裂。和阗玉在山涧河岸经过亿万年的流水冲撞与风雨剥蚀，这种自然外力的运动使之逐渐形成圆润的卵石状玉体，这是一个不断碎裂和磨蚀的过程，外皮一定会有形态不一，深浅不同的绺裂。有一些籽料还会有残破之处。有的籽料表层分布着不规律的指甲纹，有的籽料表层呈现出大大小小的碎裂。这些绺裂是时代留下的痕迹，也是天然的证明。

2.真皮籽料的外皮会有自然的毛孔。无论是多彩绚丽的色皮，还是洁白光润的自然皮，都可能是玉石因不同水土条件或形成年代长短不一或玉石内部致密不同而形成，但是，真皮籽料的外表一定有自然形成的细密小孔，业界俗称"汗毛

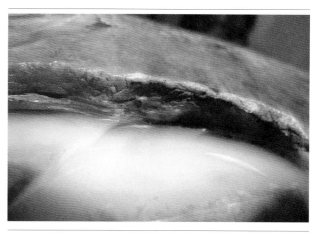
天然籽料色皮层次

孔"。这种毛孔有的能够清晰看到，有的要经过放大镜才能看清。这是因为和阗玉的结构中并非纯粹的单一元素，透闪石中往往含有其他矿物质，这些物质是与透闪石结合生成的，在亿万年流水冲刷过程中，透闪石玉体表层的一些其他矿物成份会变化分离，这些极为细小的破碎变化会在母体上形成如同人体皮肤表面的汗毛孔。无论是玉石历经风雨水土氧化形成色皮，还是保留内质的自然本色，表层的"汗毛孔"都是天然真皮最为可靠的证明。

假皮籽料经切割后进入滚筒磨为光润的形态。低仿品明显可看出磨切的刀痕，高仿品用喷砂机喷出凹凸不平的小坑，但天然毛孔无法形成。

观察汗毛孔是辨别和阗玉籽料真假和色皮真假的一个有效方法。

3. 真皮籽料一般会有自然的包浆。包浆是古玩界和玉界的一个常用术语，意即经过久远岁月或长期盘摩自然形成的微妙皮层。这种皮层不是真正意义的"皮"，而是极薄的、本色的包裹层。包浆是一个物件老气的象征，天然籽料亦如此。新作的玉器或假籽的外皮是没有包浆的。但是，假籽料经过多次人体盘玩或上油，也会形成某种类似包浆的状态，需仔细辨别。

第三、感悟天然神韵。

判断和阗玉籽料的天然神韵没有客观标准，这是美学认识，是自我感觉，是主观经验。也就是说和阗玉籽料这种大自然的造化形成之物，无论是色皮的分布、图案的形成、色皮的形态、色相的韵味都应是天合之作，凡是生硬的、僵化的、突兀的色调均违背自然进化过程的规律。神韵，是十分重要的，这是神来之韵，是上天传递的灵性之音。

着色生硬的假皮

五、皮与质的关连

和阗玉的色皮虽然是次生的，但它与内质却有密切关系。从古到今，所有的玉师审视一块玉料，均存在"相玉"的重要环节。相玉，就是从玉的外表判断质地，从色皮观察玉肉，从色相分析优劣的审料过程。因此，皮与质具有密切关连。这种关连性可从以下几个方面分析：

第一、厚皮籽料。

厚皮籽料是典型的璞玉，在和阗玉的出产地俗称"石包玉"。两千多年前楚国卞和三献璞中之宝，后来成为价值连城的"和氏璧"，这个故事流传至今，世人皆知，很多专家研究，这就是和阗玉厚皮籽料。尽管这是传说，但是现在有经验之人收藏和阗玉厚皮籽料，剖开后无论内质颜色如何，细密润泽的机率均很高。厚皮籽料形成年代久远，这类老皮子包裹着玉籽让人看不透内质，赌一赌还是很有乐趣。

第二、薄皮籽料。

无皮或只有星点色皮的籽料容易看清内质优劣。玉界有观点认为玉质紧密才使铁元素等不易沁蚀形成色皮。这种观点虽有待商榷，但色皮很薄的籽料，购入时比较安全，赌性小，这是一个事实。

第三、僵皮籽料。

业界常说"僵皮出细肉"。僵皮子有两类，一是石皮附着玉石，在水流中磨砺未褪除干净；二是籽料的阴面本身就不好，就有僵的性质。雕琢玉师们常常发现，与僵皮子连接的玉质部分，往往出现很细的玉肉。所以，僵皮子并非全是石皮，石皮的皮层较松散，而有些僵皮是很坚实的。

第四、细皮籽料。

和阗玉籽料色皮光润细腻，其内质多数细密。在色皮包裹面较大或全包的情况，以外皮的细润度判断内质尤为重要。

第五、粗皮籽料。

如果和阗玉籽料外皮干涩粗糙，内质很难是羊脂级珍品。干涩的粗皮不会是长年在水流中冲刷的，玉籽沉积在干河道里，长期氧化的可能较大。这样的地质水土条件，籽料往往浸入积沉若干矿物元素，籽料中的肉质呈混糖的可能性较大。

秋葵色厚皮籽料

假皮籽料皮色

假皮籽料磨光的外观

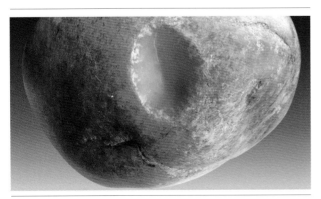
真皮的沁入痕迹

真皮籽料毛孔

僵皮籽料

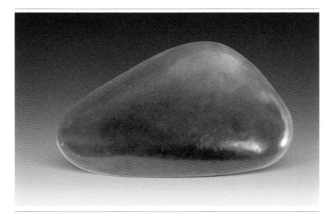

细皮籽料

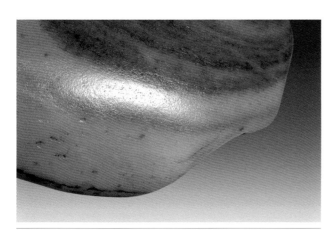

粗皮籽料

六、俏色与巧雕

在中国玉文化史中，俏色巧雕由来已久，但不是主流。古代五彩绚丽的和阗玉籽被视作珍宝，加工玉器时普通的玉料仍会剔除色皮，以"白玉无暇"为最佳标准。

近年来，和阗玉的俏色巧雕渐成趋势，消费者对色调单一的玉质之美已不满足，越来越追求玉器表面的俏色，追求色皮、糖皮甚至僵皮所能带来的巧雕创作空间。这是玉器表现艺术和文化价值的时代，创意正在改变传统玉雕。

美玉的色皮是多彩的。红皮、黄皮、金皮、褐皮、黑皮、虎皮，各类色皮深浅不一，分布不同，有的富贵，有的吉祥，有的深沉，有的传统，有的珍稀，有的风景如画。利用籽料色皮和山料糖色的"俏"进行巧雕，是玉雕艺术家摆脱传统匠气，以智慧创作充分表现和阗玉作品的内外之美的过程。

红皮和金皮可以托出一轮喷薄而出的太阳，可以琢为凤冠丹顶，可以展现天边的彩霞。中国工艺美术大师顾永骏以和阗玉籽料的金皮创作《福临门》插屏，金皮作翻飞的蝙蝠，中央留出一对门环，金蝠临门，幸福临门，蝙蝠之谐音巧妙应用，形象已从灰黑变为吉祥的金色了。

顾永骏《福临门》插屏

黑白相间的青花墨玉或黑皮籽料也有极大的创作空间，可以巧雕为天色空濛的远山近景，可以琢为鹰熊争斗的精彩之作。

金皮和黄皮还普遍用于《金玉满堂》《年年有余》之类的题材，金色的游鱼是传统的吉祥之物，以喜庆的色皮来表现十分恰当。

孙永《双仙论道》山子

《年年有余》挂件

中国玉雕大师苏然的最新作品《复兴石》保留完美的金黄色皮，仅在表层以鸟篆文琢出古韵十足的文字，让人惊叹。她的另一件作品《喜上眉梢》以金红皮和略带脏点的芝麻皮俏雕喜鹊和梅花，情趣盎然，巧夺天工。

传统玉雕的山水作品有大量楼台亭阁、山水花树和人物构图，籽料的秋梨色皮可大量用于此类题材的巧雕。而虎皮、鹿皮用于动物作品是天然一绝。混合色的璞玉籽料，在常人看来，很难创作为玉雕珍品，但在海派玉雕大师孙永手中，有一件琢开皮层，设计创作为《听松悟道》小山子，充满深远的禅意；另一件琢为《江清近月》，这种多种颜色混合的美轮美奂的传统文化题材，表现出令人暇思、令人神往、令人感悟的化外仙境。

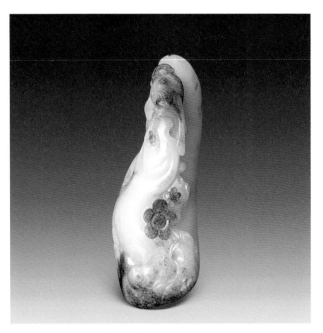

苏然《喜上眉梢》手件

孙永《听松悟道》山子

孙永《江清近月》山子

糖色巧雕在近年也得以大量运用，如中国玉雕大师苏然以糖色籽料创作和阗玉手镯，将汉代元素巧妙整合设计，充分表现了质感，古意十足，浑厚细腻，这只富贵豪华的古典手镯堪称时代珍品。

苏然古典糖色手镯

秋梨皮和阗玉籽料《坐看风涛》插屏是孙永大师 2011 年创新之作，图案上保留了较多的秋梨色皮，深沉静雅，树下的人物眺望远方，神情自若，天空有风云，水中有凶险，这一切都会过去，事业就是博击，就是前进，生于忧患，死于安乐。美玉的俏色运用于哲学与艺术的构思，内涵丰富。

无论质地如何，糖玉价值自然不及白玉，但剖开一块糖料，发现其中的白肉，巧雕出一个亭亭玉立的美女，那就极大提高了作品的美学价值。和阗玉《深山有美》即是这类发掘出价值亮点的作品，它在新疆历代和阗玉博物馆里，让观众耳目一新。

孙永《坐看风涛》插屏

总的来说，金色、黄色、红色在俏色创作中更受欢迎，更适于喜庆的题材，而褐色和黑色在玉雕作品中一般不会大片保留，玉的质感在艺术审美中是十分重要的。

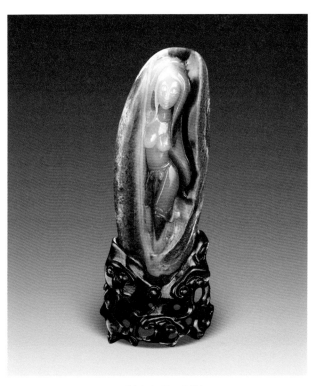

《深山有美》摆件

过去的一些巧雕,是玉质有瑕疵的无奈之举,如《风雪夜归》,将一块充满石花的玉材巧妙利用为漫天雪花,这种令人惊叹的构思是艺术家天才的表现。而现在的俏色巧雕,更多的是有意保留色皮或糖色,使作品锦上添花,取得更好的艺术效果。

关于俏色,北京玉雕界著名玉人、北京玉雕厂原总工艺师文少雩认为,当前有些玉师将脏色与俏色混为一谈,在作品中大量保留玉皮中的脏僵之处作为俏色,这不能体现玉美,这是一种误区。文少雩先生坚持美皮美肉,当然是北京玉雕传承宫廷玉雕传统的思想。但是海派和苏州玉雕的新人对俏色巧雕正在进行自己的探索,如海派玉雕大师崔磊大声疾呼创意在玉雕中的重要性,他认为玉雕从业者是靠手艺生存,应该是靠智慧征服别人,要在材质上发挥自己的智慧,过变化。在千百年的历史中,人们更多的是从意识形态的精神符号角度去理解玉德之美,"重玉轻珉"、"首德次符"都是这种思想兼修,除了传统玉德对民族思维和心灵感受的影响,还要欣赏和阗玉的观感之美,这就是包括色皮之美、形态之美、温润之美和雕琢之美。如此,俏色和巧雕的重要地位当然就凸现了。

七、色皮籽料的收藏

绚丽多彩的色皮在和阗玉籽料中是一道独有的风景线,也是区别于和阗玉籽料区别于其它透闪石玉的一个重要标准。和阗玉籽料已经不是单纯的玉雕原料,为成为当今玉界和收藏界独立的一个收藏品种。和阗玉籽料的收藏一般来说可以从以下几个方面来考虑。

光白籽料

河磨料原石

俄罗斯籽料

第一、"血统"正宗。

这个问题是收藏籽料的前提，这就是说，收藏的究竟是不是新疆产的和阗玉籽料。国家鉴定标准只检测玉的理化指标，对产地不去判断，科技手段很难判断产地。所以和阗玉的"血统"是否正宗，只有通过色皮的辨认来判断。如果是籽料，首先就排除了青海、贵州和新西兰等地所产的透闪石玉，因为这些地方没有形成籽料的地质条件。但是，俄罗斯出产透闪石籽料，东北岫岩县也有类似籽料的透闪石玉，即所谓的"河磨料"。老岫玉"河磨料"色皮很重，且混合入肉较多，业界基本可以看明白。

我们重点分析俄罗斯籽料。

俄罗斯籽料成因大致与新疆和阗玉籽料相同，主要分布在布里雅特共和国产玉矿区的原始森林里，外形亦是光滑的卵石状。色皮往往更为强烈，皮壳往往比新疆籽料更为厚实，裂纹处显得杂质较多，有"脏"的感觉，普通的俄籽与新疆的和阗玉籽会有若干品质的差距。但优质俄籽是珍贵的，其质地与新疆优质和阗玉籽相比只是略逊一筹。以中国传统观念来看，俄罗斯玉的色泽似乎不正，俄籽亦是如此。

应该说，俄罗斯籽料与新疆出产的和阗玉籽料是最容易混淆的。在玉器加工行业，砣机在俄料的琢磨时，有经验的玉师能感觉到与新疆和阗玉籽不同的微妙之处，有韧性不够、容易崩口的问题，表现于玉件是琢磨后表层的光洁度与线条的平滑度。而对买家而言，这些问题很难发现。单纯以颜色的"正"或"不正"来分析，是主观的感受而非可以量化的标准。

目前，还未发现比新疆和阗玉品质和观感更好的其他透闪石玉。

籽料的石花

籽料的石钉

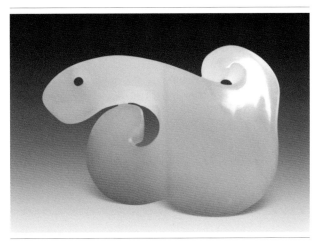

玉料的水线

第二、质地优良

并非所有的和阗玉籽料都值得收藏。收藏和阗玉籽料要关注其内质的纯净度和细密度。籽料的色皮本身就是氧化的结果，99% 都会有轻重不同的绺裂和杂质，这与钻石、宝石、翡翠等同样，完全无瑕并不现实，但是购进时要注意内部的毛病不应太多。这些毛病包括水线、石花、石钉、裂纹等等。水线过多或过于明显、石花太多、石钉太多，裂纹太深都会影响籽料的级别。在质地相同的前提下，玉的颜色对价值是有重要影响的。

第三，自然天成。

对收藏而言，自然天成的和阗玉籽料是最珍贵的，即便是颜色上乘、质地优良的真皮籽料，切割打磨为人工造型，与天然的造型在价值上会有较大差距。收藏级的籽料，须是纯自然的珍品，是大自然的天然造化，是一块光润美观的原石。从各个角度细察，都可以想象到这是一枚山川的精华，大地的舍利，经过神来之手的时间磨砺才能给人无限的遐想。而籽料用于加工成器，则与保持原石形态无关了，那是需要切割破形的。

珍奇籽料的纹饰

第四、观感珍奇

收藏级籽料形态要完整美观，皮壳光润细腻，色皮珍奇灿烂。洁白无瑕的自然皮光白籽是很多玉友热衷收藏的，但在造假技术高度发达的今天，光白籽极易被仿造，会存在诸多争议。毕竟，用"汗毛孔"的检测方法是需要内行去把握的。因此，有色皮的籽料是当前收藏的热点，这些色皮籽料的颜色深浅、色彩类别、色彩分布都决定着籽料价格的高低，有皮的籽料比自然皮籽料往往要高出几倍的价格，颜色珍稀或图案珍稀的彩皮籽料又要比颜色一般、色彩单调的籽料高出若干倍的价格。就观感而言，珍奇为贵。

和阗玉籽料的收藏关系到收藏者的价值取向，用业界玩家的话来讲，不同的人有不同的玩法。有的是重视"肉"，追求纯净、细润；有的是重视"色"，越白越好，只讲"羊脂"；有的是重视"皮"，到手后天天盘玩，看色皮的纹形色彩与盘玩后的变化；有的重视"形"，追求籽料的外形完美。还有的是玩"工"，那是追求美玉雕琢后的艺术感觉。本文讨论的是和阗玉籽料的皮色，工艺之美是另外的话题了，在此不议。

玉牌阴刻中的中国美学表现

文 / 易少勇

白玉牌承载着中国人雅致庄重的气质，不管你是否熟知它的前身今世，看过后便知什么是清骨，什么是内涵，一种肃然起敬之感往往会油然而生；当你仔细察看玉牌的形制，它张力饱满的美，由方形圆角、平面微弧的细微润光展显无遗；而白玉牌一旦握玩于你手中，光滑、温润，更让人爱不释手。

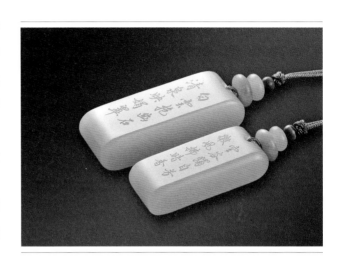

传统玉牌常规 6×4×0.9CM（长 × 宽 × 厚）的比例似乎是不容改变的，上部是额头，常规透雕龙饰图形，作用在于方便佩戴；下部是画面，常规浮刻吉祥图案诗文，作用在于诉求平安。从吉祥的角度理解，玉牌它随身，既期盼、祈愿、讨喜又有文化，满足了人们实用需求和艺术欣赏。而"玉牌"的白白润润、方方正正、实实敦敦的外形被附以无限的想象和特定的限制，即玉被人格化、道德化了。孔子、荀子、许慎不同程度的将玉归结为有十一德、七德、五德等，更将玉的自然属性抽绎出君子应具备的高贵品行，用它来作为君子修身养性的准则，完善自己的道德修养。"玉牌"作为中国玉文化的主要代表，就在中国文化中拥有了一种经久不衰的独特魅力。

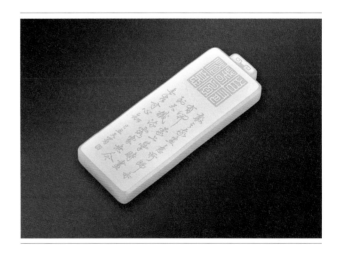

牌形的"玉润"解释

历史上我们所看到的玉牌往往是方形或正圆，而我"意识"中的牌形是方中带圆、圆中带方，因为太方呆板、太圆无骨。其实，方圆是相对的，方圆中充满阴阳，充满运动，充满互补，关键是必须把握好方和圆的度。一件作品，最后牌形的圆弧和角收成什么样才最重要，可能是圆中带方，

也可能是方中带圆，这具体问题要具体解决了。

　　怎样把握玉牌的牌形往往是一件作品成功的关键。面对传统和现代审美的碰撞，我提出了玉牌"玉润"的理念，"玉润"包括"眼润"和"手润"二部分，在"眼润"中，自己以为只有读玉，才能懂玉；只有懂玉，才能琢玉，其中，能看得懂玉的美是最重要的。牌形的造型、厚薄和弧度，工艺的对称、工整和规则，通过眼睛一看就能感觉好坏，这个"润"的标准就是面与面、面与线、面与角、线与角、线与线、角与角的和谐和互补。同样，"手润"提出了手感的作用，因为玉牌的把玩功能决定着玉形的张力、顺手、饱满等作用。

　　浑润的内质怎么表达？料形如何表现弧度？线条怎样体现饱满？在制作中，我对玉牌有了慢慢的理解，那就是张力的问题。关于"张力"，其实是"玉润"的标准，是检验子冈牌好坏的标准之一。面、线、角的张力影响着"玉润"的判断，角度的张力显线形，玉质的张力显润感，只有突出了牌形的张力，也就突出了白玉的特质，这就是显玉。我做抛面，形制虽然同别人不一样，但难度要高得多，这主要得益于在炉瓶制作中的底板功底，图案面和图案底的微小深厚度都是一致的。抛面在形制上突显出白玉的张力，更富有白

玉的特质；抛面在技艺上精现阴字的难度，更突出作品的价值。今天我创作的的玉牌形制多样：方形、椭圆、长方、梨形、滴水形，对称工整，圆厚应手；额头多变，如意形、瓦片形、夔龙形，信手拈来。整体造型汲古不拘旧式，令人心怡。近来自己尤其偏爱修长状，如己身材，形制更显风骨。"天蜀牌"经历了从糅缓丰腴到修长硬朗之变，膏润无穷，如见清眸丰颊。

　　其实，玉牌的血统是经典高贵的，它程式的对称，规准，严谨等形制美我以为应该继承，它传达的高洁、信义、雅趣等精神美我以为应该保留，继承和保留的宽度可依据艺术家的审美改变。如果完全颠覆了玉牌的形制和精神，创新走到了极端，走到了反面，它的属性就不符合玉牌的规制，应该另起名称了。其实，历史上每一次的文化大改变都是传承历史，绝不是割断历史，今天的玉雕也应该如此。

"梅兰竹菊"题材的传承

　　中华几千年文化博大精深，并且有着极强的影响力，绘画理论、书法理论，我是融合在一起活学活用的。中国绘画的散点、三角构图让人感

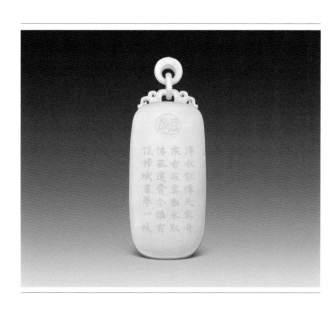

动；留白、疏密、透气、平衡、简繁，那种以白当黑的空间感和以能、妙、神、逸的意境，取之不尽。她的隐喻和白玉材质的结合使得象征性更强，无论精神、画风、内涵、意境，都完美体现着"文人精神"。

我的玉牌一开始的基调就是表现"文人精神"，并始终沿着这样一个方向不断寻找共鸣，最主要的表现对象——"梅兰竹菊"的意境和我的审美趋向比较接近。"梅兰竹菊"在中国人的精神世界中不再是应时的植物。几百年来，经过无数诗人文人的咏颂，无数画家书家的描绘，"梅兰竹菊"已经上升到清朴、气节、大器、风骨等象征道德的层面，是贯彻中华文化历史最直接、最认同的精神标志，成为了中国最有艺术感染力、审美力的图式。在千千万万传统精美的"梅兰竹菊"作品中，我似乎更倾向于宋画的表现形式，它们构图清峻，画面精致，用笔精准，情趣婉约，意境深远，在玉牌上要表现一幅"梅兰竹菊"的画面，宋画所传递的这种审美意趣是最直接的。但是在设计牌面效果时，绘画上的有些笔墨晕染效果是做不出的，只能在构成上、用笔上、精神上嫁接。中锋侧锋，按顿提捺；枝叶花间，神采毕现；字里行间，疏密规正，这种美往往让人感动，让人不能忘怀。

自己的作品内容往往以前刻花草，后刻诗歌为基本模式。花草常以兰花、清竹、水仙为主，再加上一块太湖石，构图空灵，笔行刀走，深浅得当，转折自如；而诗歌多选用或修改于唐诗、题画诗，书体常以行书篆刻，工整精致，见笔显法。我以为要做好一块子冈牌，必须做足诗、书、画、印四门中国文化功课，四件缺一不可。其实，画和字是互补的，画面诉说精神，留白决定空间，字体增色主题。另外，在设计中自己往往会创意性的把画和字放在同一正面，缩小的图形让字穿插其中，而把印章刻在反面。正反面画面的综合设计，考虑疏密，使书、诗、画、印四大绝艺完美的结合起来。

在设计印章的内容时我往往选用闲章的句子，比如风景图案的用风花雪夜诗句，口彩的题材用传统的长如意、宜子孙等吉语。字体风格可以仿造古人名家印章，也可以根据画意的要求重新设计。篆刻中同样的字可以设计出不同的印面款式，考量画面、视觉的设计要求，考量制作、打磨的工艺要求，选择的标准就是哪种款式更能表现玉质美，因为篆刻的工艺效果是通过印面显示出来的。印章平面上剔地阳刻，符合我追求的

阴阳平衡境界。

　　中国传统文化比较内敛，今天要在传统产品中注入当代的元素，既矛盾又必须。传统形制和现代审美、传统阴阳和现代解读、传统书法和现代设计、传统工艺和现代表现、传统吉祥和现代玩赏……等等问题注定是绕不开的。你要找到现代审美的"诉求点"，又要和传统审美的"散发点"在设计理念上的匹配，比如经典"梅兰竹菊"散发着传统文人的清风傲骨，现代"梅兰竹菊"还要诉求当代人简约轻快的生活态度。"天蜀牌"既不是完全文人的东西，又不是完全个性时尚的东西，它的嫁接对于传统是传承，而对于当代应该是独创了。这种对现代人欣赏需求、习惯、模式的理解很细节，寻找、了解、解决的辛苦是很少人能够体会的。

阴刻工艺的创新追求

　　玉牌是传统形制的一种，历来都是以阳刻工艺留承，如子冈牌。我时常在书法、绘画、篆刻中学习摸索，设想着怎样把这些艺术元素应用到玉牌制作中，阴刻到底有哪些好处呢？这是我一直在考虑的问题。玉牌是被用来把玩的，手玩眼赏乐趣无穷，而阴刻工艺手感好，不触手，容易养的特点，内涵中透着隐密，内敛而低调，有种不张扬的美，经得住经年累月的欣赏。但是，阴刻手法雕刻有一个最大的难点，就是一刀下去，如果出现失误是无法修改的，哪怕失误一点点整个画面只能磨平全部重来，这对创作者来说是个极大的挑战，也是极罕有人敢尝试阴刻玉雕技法的原因

　　在每次阴刻书法布局时，往往根据牌面的形状、空间和位置，决定内容、字数和字体，综合因素都必须考虑。当决定了内容、字数和字体后，每首诗设计时的四行竖字间的章法需呼应，每个字的架子要变化，假如一首诗中的两个字笔划中都带有"捺"脚，设计中就必须把一个"捺"处理成钝角了。我通常在比较严肃的题材上，应用相对工整的画面，如宋画，那背面往往会选用楷书；在抒情的作品上，选择行书就比较适合；而隶书表现出来的情绪比较娟秀，看上去很文气，字体用的大点会更好看，一般当我感受这幅画面蛮宁静的，就用隶书。如果这件是给女性佩戴的小巧作品，也会选用隶书。

　　阴刻难在"一刀准"，如果一条线刻歪，修正就会越修越粗，线一粗对整个字的结构、周围

字的连接、字和字的关系、整部书法的美感都产生影响。是的，像书法书写一样，阴刻工艺只能一气呵成，不能抖动。屏一口气，刻一刀，成一个面；屏两口气，刻两刀，成两个面。两个面形成一个笔划，所以一个笔划是两刀完成的。玉牌的阴刻刀法和印章的平刀冲刀不同，它应该更接近碑帖的阴刻刀法，不管字体的楷、隶、行、篆，不管字形的大、小、方、扁，我都以中锋用刀，每一笔划都用两刀完成。说得再白一点，就是要用刀（工具）表现出笔（毛笔）的锋感，落笔、行笔、收笔，勾勒的粗细，转折的深浅，都需要深思熟虑后，静下心来，吸气，收腹，憋气，然后一气呵成……不同的书法体，背景不同，字体不同，布局不同，审美的诉求当然也不同。通常篆书字体浑厚，阴刻刀法选用 U 字形比较合理；楷书工整，行书舒展，草书挥洒，阴刻刀法选用 V 字形更能表现硬朗风骨。有时候，在一块玉牌的设计上出现两款书法和两种刀法，相得益彰，整体中显对比，细小上见风范。如果在点睛处治上枚阴刻的篆刻印章，那就阴阳相济，完美无缺了。

　　其实，刻字是一个过程，怎样运用毛笔意识？怎样使用工具刻制？解决的过程就是一个理解的过程。每个字的架构、笔划，字和字间的空间、呼应，行与行间的布局、走势和这首阴刻诗文的风格有个整体的筹划。当工具与牌面接触产生的线条，点竖撇捺，一波三折，运气、手势、用笔、气势，手势的转折，笔划的刻行，就是对每个字义、诗意美的最好表现。

　　艺术又是一个理解的过程，玉牌和国画、油画等都是一种表现形式，是一种审美物体，大家表现同样的题材，国画有国画的方式，油画有油画的方式，玉牌有玉牌的方式，区别的是方式不一样，使用的工具不一样，但线条、韵律、节奏

……留白、对比、呼应……视野、意识、思想都是相通的。我带着对玉的理解，吸收着其他艺术可用的东西，如同在音乐里面找到韵律，刻字一气合成，一股气势使得流畅的线条成为一种节奏，书法的篆、楷、行、草，字体的大、小、疏、密，线条的宽、窄、硬、柔，审美的意、境、雅、趣，让玉的内质更完美、张力更强烈。

　　我喜欢探究，创作是一种感性认识到理性表现的探究过程，也是一段不停反复的经历，想了否定，否定了再想，来回折腾好几回……我追求的就是文（内容）、雅（情趣）、精（工艺），体现出低调、内涵、排俗、儒雅的高清境界。为了达到这个标准必须在传统形制上变化、提炼和创新，形的刚、面的柔，画的柔、字的刚，直到最后完成结果是成正比的。我的作品每年就四、五件，每件都要经过这种涅槃般的轮回，虽痛苦，却快乐，我相信，经过不断提升的作品一定是好作品，经过不断修炼的美学一定是最高境界的。

当代和阗玉收藏的思路和视角

文 / 苏京魁

玉是铭刻着中华文明的载体。新疆和阗玉素有玉石中的"真玉"之称，并被人们尊为我国的"国石"。"藏玉要藏和阗玉，藏和阗玉精品"，这是玉器收藏界的共识。当代和阗玉精品特别是用新疆和阗玉原料创作的和阗玉精品，越来越受到有实力藏家们的追捧和青睐。

一、和阗玉收藏要树立精品意识

和阗玉精品是指玉料品质、工艺水平、作品创意和文化内涵等都属上佳的玉雕作品，是有形的物质财富和无形的文化财富的集合体。和阗玉精品收藏是玉器的高端收藏，是玉器收藏的发展方向。中国当代玉界泰斗杨伯达先生说过："和阗玉是美的使者，灵的化身"。这充分说明了和阗玉不但具有珍贵的材质价值和造型艺术价值，更重要是具有无穷的文化魅力，这也正是和阗玉投资收藏真正的价值所在，高端和阗玉作品更是如此。

高端和阗玉玉雕作品正是由于具有了玉石原料、玉雕艺术、雕琢工艺、作品题材的文化内涵等多重价值的积累，使其投资收藏的价值与升值潜力大大高于中低端产品。伴随着和阗玉文化广泛传播，人们对和阗玉文化内涵理解的深化，形神兼备的高品质和阗玉精品，作为人们向往的高级艺术收藏品，倍受收藏家们的推崇。

"黄金有价玉无价""乱世藏金，盛世藏玉"，这是在中国玉文化土壤萌生出来的并延续上千年的一种价值观，也是世界上唯独中国才有的最经典、最直接的投资理念，形象而生动地说明不同的社会背景，投资收藏的主体品种应相应改变，这种投资理念至今还广为人们接受。改革开放以来，我国经济文化和各项社会事业全面发展，人们在物质生活得到空前满足的前提下，人们追求完美，追求高雅的、有品位的精神文化生活成为一种时尚，投资收藏和阗玉秉承和坚持"精品意识"是有实力藏家的理性选择。

高端和阗玉雕作品之所以一直是有实力投资收藏群体所追求的目标，其主要的原因体现在三个方面：一是和阗玉本身的价值就很高。和阗玉玉料分为山料、山流水和籽料，以和阗玉籽料为上佳。二是工艺价值高。玉器的雕琢工艺是我国传统的民族手工艺艺术，有些作品需要玉雕师们精心构思、精心设计、精心雕琢几个月、几年、甚至更长时间，每件精品都是玉雕师们匠心独具，充分展现玉料的价值，充分提升玉料价值的倾心之作。三是玉雕作品的文化内涵丰富。通过玉雕师们的创意，使作品的寓意能契合绝大多数藏家追求美好的心理需求和期望。收藏和阗玉就要收藏精品，精品是市场的风向标，只有收藏精品，才会有投资升值空间和潜力。

二、和阗玉收藏要摒弃短视思维

高端和阗玉玉雕作品，以其优质和阗玉原料的稀有性、不可再生性和高超而不可复制的雕工技艺、丰富的精神文化内涵，决定了高端和阗玉玉雕作品投资收藏市场的未来走势。近十几年来，和阗玉价格虽然有了相当大的涨幅。但是，从我国高端收藏品市场的发展大趋势来看，和阗玉的价格上涨仍属于价值的回归阶段。

对高端和阗玉玉雕作品的价格走势，在新疆玉界被称之为"马爷"的中国工艺美术大师、中国玉雕大师马进贵曾经有一个形象而又客观的类比：一个种和水头都极佳的翡翠手镯可以卖到几千万元以上，而一块同样大小和品质的和阗玉玉镯却远远卖不到这个价钱。国家珠宝玉石质量监督检验中心专家沈崇辉亦认为和阗玉升值是大方向，这说明高端和阗白玉价格还有上涨空间。所以，和阗玉投资收藏一定要树立长期投资的思维，克服短视行为，着眼于自己的经济实力和未来高端和阗玉市场的发展趋势，制定长期投资收藏规划，以时间换空间，在满足精神享受的同时，实现投资收藏效益最大化。

《达摩》把件

三、和阗玉收藏要把握市场脉搏

近几年，随着国际国内宏观经济形势的变化，我国和阗玉投资收藏市场也出现了一定的波动和调整。纵观中国和阗玉投资收藏市场藏品价格的变化特点，中低端产品容易受国际国内的经济运行情况的影响，价格变化的波动较大，但高端和阗玉在投资收藏消费市场上仍持续保持较强的需求，材质好、工艺精、艺术水准高的和阗玉精品价格和市场需求量始终呈上升趋势。这在当前世界经济形势持续低迷，高端艺术品投资收藏市场呈现全面调整的情况下实在难得。导致这种状况的原因很多，但根本的原因还在于当代和阗玉精品能够体现当代玉雕艺术的高水平、高品质。品质决定价值，价值决定价格。可以预见，一旦世界经济形势走出阴霾，高端和阗玉市场将再现火爆。

调整中的市场往往蕴藏着大量的投资收藏机会。当前，由于受全球经济形势的影响，从2011年下半年开始，中国和阗玉市场正在经历着十几年来少有的调整期，这种市场状况为和阗玉爱好者创造了很多入场的机会，为成熟的高端和阗玉藏家提供了更多的选择余地和空间，藏家们要善于把握机会，在调整和波动的市场环境中"淘宝"，得到自己心仪的"宝贝"。

四、和阗玉投资收藏的视角

（一）、权威奖项玉雕作品收藏。中国工艺美术行业玉雕石雕的最高奖项"百花奖"、全国性的玉雕石雕作品"天工奖"、"百花玉缘杯"等国家级的评奖活动，以及"玉星奖""玉龙奖""神工奖""陆子冈杯""九龙杯"等奖项，是展示我国当代玉雕创作最高水平和最新成果的平台，获奖玉雕作品绝大多数是当代玉雕大师的代表作，一直是玉器收藏大家的投资收藏的首选。除了国家级的评奖活动和展会以外，一些阶段性、区域性、地区性的玉器行业评奖活动和展会，也都是玉雕大师云集，玉雕精品荟萃。在这些活动中，无一例外新疆和阗玉作品是评奖活动或展会的主力，吸引着有实力藏家的眼球。和阗玉是玉中极品，经过大师们的精心雕刻和完美的创意，赋予作品以文化艺术之灵性，每一件获奖和阗玉作品都堪称为典藏珍品。这些是珍宝级作品是我国阶段性、区域性和阗玉玉雕艺术创作的标志性成果，承载着丰富的历史文化底蕴，彰显着鲜明的时代风华，极具收藏价值。

（二）、优质和阗玉定制式收藏。随着我国国民收入水平和社会整体文化程度、文化消费水平的整体提高，和阗玉文化和收藏文化的发展，和阗玉投资收藏的多元化、个性化特点便逐步显现，特别是高端和阗玉投资收藏的个性化需求越来越高，因而就出现了一种新的和阗玉投资收藏形式——定制式收藏。高端和阗玉定制式收藏，就是藏家精心选择所定制和阗玉玉雕作品的创意主题和文化内涵；精心选择所定制和阗玉玉雕作品的玉料；精心选择所定制玉雕师和雕工工艺，创作出符合藏家投资收藏预期的玉雕精品。高端和阗玉定制式收藏的"选题、选料、选工"是三个重要环节，缺一不可。选题，可根据藏家的喜好和玉雕师的擅长而定；选料，以合理用料和表现主题为宜；选工，根据要表现的主题和玉料，确定表现形式和技法，达到最佳的艺术效果。经过"精心选题、精心选料、精心选工"而定制出的玉雕精品，其投资收藏价值非常值得期待。

（三）、当代玉雕大师作品收藏。当代玉雕大

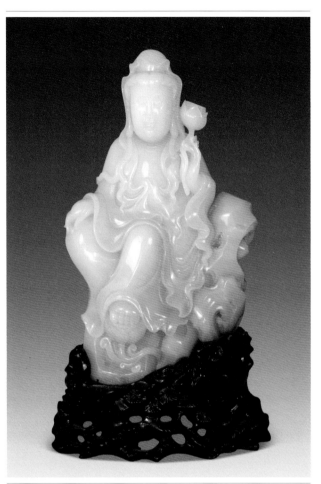

《观音》摆件

师的玉雕创作引领着当代玉雕发展的方向，代表着当代玉石雕刻技术的最高水平，极具收藏价值和广阔的增值空间。大师们经过长期从事玉雕艺术创作的积累，能充分熟练地掌握和阗玉多变的用料特色并与设计相结合。在创作中他们传承中国几千年玉文化的精髓，汲取现代文化艺术的丰富营养，巧妙地运用传统技艺和创新思维，因材施艺，巧夺天工。其作品选材精良考究，题材内涵丰富，风格鲜明，技艺俱佳。这些作品即蕴含着大师们对生活、艺术、文化独特的理解和体验，又凝聚着大师们的人生追求和艺术追求。通过作品使大师们的创作理念和收藏者真正的精神诉求

产生共鸣，这是玉雕工作者所追求的境界，这也是玉雕大师作品艺术魅力和价值所在。另外，有的玉雕大师年事已高，作品越来越少。随着时间的推移，这些玉雕大师的作品很可能就成了"孤品"、"绝版"，这也是玉雕大师们作品升值的重要因素。

（四）、高品质和阗玉籽料原石收藏。新疆和阗玉籽料原石精品，很早就被藏家们纳入高端和阗玉收藏之列。和阗玉高端原料，如优质籽料的母体为山料，随山体自然风化脱落后流入玉龙喀什河，经河水长期自然冲刷磨砺，最终形成如鹅卵石般形状的玉块，其品质为和阗玉之极品。由于产量极其稀少，处于严重的供不应求状况，未来增值潜力非常巨大，因此受到和阗玉商家和藏家的追捧。玉石资源是一种不可再生的资源，新疆和阗玉籽料"资源告急"的现实危机感，强烈地刺激着和阗玉商家和和阗玉藏家的神经。新疆玉龙喀什河的籽料每年开采出产的玉料产量逐年递减，根本不能满足需求，并且一些商家开始大量收购囤积，加剧了和阗玉籽料紧张的状况。在这种情况下，收藏和阗玉籽料原石具有保值和增值潜力。和阗玉籽料原石中以玩料尤为珍贵，为投资收藏的首选。玩料就是不用加工可以直接赏玩的精品籽料原石，有皮有肉，外观色彩、形态较好，是纯自然、原生态、不可复制的纯天然造化的和阗美玉精品。"美玉不琢"，就是收藏级和阗玉籽料原石完美程度、精美程度和珍贵程度的具体体现。和阗玉籽料常见的有白玉、青玉、墨玉籽料，还有十分少见的品种，如黄玉籽料等。和阗玉籽料因其存世量极少，升值潜力巨大。根据新疆和阗玉原料市场交易信息联盟公布的新疆和阗玉原料市场收藏料（籽料）交易价格信息，

《人生如意》摆件

200克以下收藏级特一级和阗玉籽料价格已达2～3万元/克，远远超过当今黄金价格。

应当提醒的是，由于利益的驱动，和阗玉籽料的各种造假手段花样百出，防不胜防。加之，玉料来源的多元化，导致和阗玉籽料原石投资收藏市场水深鱼多，暗流交错，不是行家里手，若轻易出手风险性较大。收藏和阗玉籽料原石不要有捡漏的心理，要理性收藏和投资。虽然现在的矿物检测技术已经很发达，玉石检测检验手段也很完善，可以准确地检测出玉石矿物结构、主要成分，但在透闪石矿物含量接近的情况下，却很难用仪器鉴定玉料的产地，很难准确鉴别新疆和阗料，还是青海料、俄罗斯料、韩国料或其它地方产的玉料，很难用仪器区别玉料的天然产状还是人为造假。鉴别新疆和阗玉籽料原石真伪，还要靠藏家的丰富的玉料识别知识、技巧和实践经验。所以，和阗玉籽料原石投资收藏一定要审慎而为。

肯畜

INTRODUTIOM

　　从旧石器时代到新石器时代，华夏民族的祖先就完成了对玉的认知和理解。在名目繁多的玉石品种中，产自昆仑山深处的和阗玉最为珍贵，最受崇爱，最能体现中国人"天人合一"的哲学观与人文精神，它的温润之美与坚韧纯净的内质体现了与西方所专宠的钻石和而不同的美学价值，成为中国人恒久信念、高尚圣洁、美好富贵的象征。

　　中国新疆历代和阗玉博物馆是一家长期收藏与研究和阗美玉的专业机构，也是业务辐射世界的珍品创意设计基地，具有特色的珍奇籽料与当代玉雕大师新作每年都在全球具有文化内涵的城市举办巡展。

　　通过这些展出的珍品，人们可以领略到世界文明的精彩对话与东方古国的心灵版图。

第 一 單 元

UNIT 1

大 地 的 舍 利

　　和阗玉是中国玉文化的主体和中华文明起源的主要特征。中国古籍中把昆仑山称为"群山之玉"和"万山之祖";中国古代著名诗人屈原写出"登昆仑兮食玉英"之千古绝句;《千字文》中有"金生丽水，玉出昆冈"之说。这些表现了古人对和阗玉出产地的确认。

　　从五六千年前开始，以今天的新疆和田为中心，东到中原安阳,西达欧洲地中海,逐渐形成了沟通东西方思想文化交流的"玉石之路"，最终形成了以和阗玉为主体的中国玉文化体系，以此规范人们的思想修养和社会实践。和阗玉成为君子的化身和道德的象征。

古代玉石之路示意图

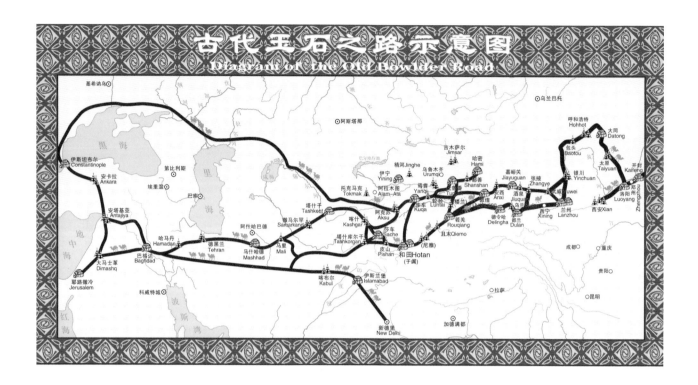

　　和阗玉产自昆仑山深处，为世界上罕见的珍稀矿藏，透闪石成分多于 99%，摩氏硬度在 6～6.9 之间，质地细腻，晶莹润泽，极富韧性，可以雕琢任何精细工艺，其成品造型生动流畅，具有极高的观赏价值和收藏价值，历代均为皇家珍品。

　　和阗玉是中国玉文化的主体和中华文明起源的主要特征。中国古籍中把昆仑山称为"群玉之山"或"万山之祖"；古代著名诗人屈原写出"登昆仑兮食玉英"之千古绝句；《千字文》中有"金生丽水，玉出昆冈"之说。这表现了古人对和阗玉出产地的确认。

　　从五六千年前开始，以今天的新疆和田为中心，东到中原安阳，西达欧洲地中海，逐渐形成了沟通东西方思想文化交流的"玉石之路"，最终形成了以和阗玉为主体的帝王玉文化、朝廷玉文化以及庶民玉文化，以此规范人们的思想修养和社会实践，成为君子的化身及道德的象征。

深山采玉图

　　古代和阗开采山玉有漫长的历史。玉在昆仑雪山之巅，交通险阻，高寒缺氧。正如《太平御览》中所记："取玉最难，越三江五湖至昆仑之山，千人往，百人返，百人往，十人返。"即使如此，古人冒着生命危险，仍在昆仑山采玉取宝。

　　深山采玉和搬运，是男人们生命的拼搏，古代在掘洞采玉时，须纳钉悬绳，然后凿之。玉石将坠，系以巨绳，徐徐而下，有些大料，重或千万斤，以危险艰苦，可想而知。

裸女寻玉图

　　明朝科学家宋应星编著的大型科技文献《天工开物》中记载了昆仑山下古代先民在河中捞玉的生动场景：由于玉石强烈的反光作用，河中有玉的地方月光就很亮，所以人们采玉多选在秋天夜晚的月明时分，沿着河边寻找月光最明亮处，很容易找到玉石。为了找到沉入水下、隐身河底的美玉，古人还专门挑选面容娇美、体态轻盈的年轻女子赤身裸体、一丝不挂地下水采玉，认为女人身上旺盛的阴气可以召唤和吸引最美的玉，让纯洁的美玉和女性的身体在水中相会，而不会让它在河中丢失。

和阗玉的天然产状

和阗玉有三种天然产出形态。

第一是山料。原生矿藏分布在海拔 3500 米～5000 米的山岩之中，它的储量相对较多，各矿坑原料的质地均不相同。

第二是山流水料。经过历史风雨的洗刷和山体的变化，一些大小不等的碎块崩落在山坡上，随着流入河中，在河流上游即被人们采拾的玉块即称"山流水"。它的表面较为光滑，内外颜色一致，质地高于山料，是优良玉料。

第三是籽料。玉块经河水千万年充分涤荡，冲至中下游河床，玉质松散之处均磨去，只留下坚硬的核心部分，为鹅卵石状，大小不等，这是和阗玉最名贵的精华。由于水土的浸浊，籽料外皮多带有皮色，十分美观。

山料

籽料

山流水料

和阗玉的基本色彩

　　很多人对和阗玉的认识都是洁白晶莹的羊脂玉，其实，和阗玉是多彩的。在故宫的玉器典藏中，除了白玉以外，还有很多其他颜色的玉器。

　　总体而言，和阗玉的基本颜色在古代分为五类，即白玉、青玉、碧玉、黄玉和墨玉。根据中国专业部门目前的分类原则，以七分法来确定和阗玉的颜色，即将青白玉和糖玉这两种过渡色作为单列的品类。民间还有红玉、紫罗兰玉等一些称谓，但国家标准尚未确认。

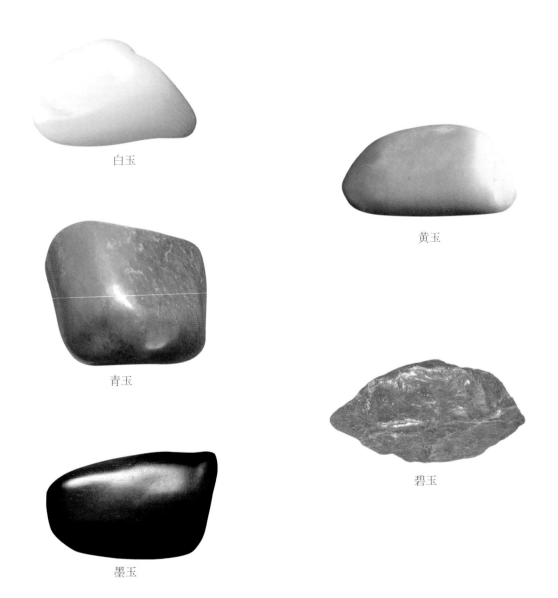

白玉

黄玉

青玉

碧玉

墨玉

千古流传的羊脂玉

羊脂玉是和阗玉中的尤物，质地纯净致密，色似羊脂，晶莹温润，细腻无瑕。

一眼望去，羊脂玉一定是白、糯、细、润，透过灯光细察，则可看到那种独特的温粉之感。这种感觉使人仿佛进入富有灵气而精光内蕴的天籁世界。

轻轻抚摸柔和润美的羊脂玉体，可以感悟到人与玉灵性的交流，经过盘玩摩挲，时日愈久，玉体滋润会达到妙不可言的程度。

这个时候，人们自然会体味到两千多年前《礼记》上所说，"君子无故，玉不去身"的境界。

和阗羊脂玉大籽料
编号：新 L001
重量：16.38kg
尺寸：30cm×24cm×11cm

和阗羊脂玉籽料
编号：新 M007
重量：229.1 g
尺寸：9.5cm×5.9cm

和阗羊脂玉籽料
编号：新 M001
重量：254.8g
尺寸：8.3cm×6cm×3.7cm

璞玉

璞玉，即包裹外皮的玉石。

在新疆，人们叫作"石包玉"，这类玉籽外皮厚实而不见玉肉，外皮一般均因河流冲刷年代极久而形成，一旦切开玉璞显现玉肉，肉质一定温润浑厚。

和阗璞玉自古以来即十分贵重，一是因为外皮可以利用雕琢俏色玉器；二是因为玉的质量很好。明代科学家宋应星在《天工开物》中说："凡璞藏玉，其价无几……古帝王取以为玺，所谓连城之璧，也不易得。"著名学者谢彬在《新疆见闻录》中写道："有皮者价尤高。皮有洒金、秋梨、鸡血等名，盖玉之带璞者，一物往往数百金。"

和阗秋葵皮璞玉籽料
编号：EL11.41001
重量：53kg
尺寸：42cm×34cm×22cm

和阗玉枣红皮籽料
编号：26-9
重量：21.23cm
尺寸：44cm×24cm×15cm

珍奇籽料

　　世界上所有的玉石品类中，中国的和阗玉最为珍贵。它的原生矿藏蕴藏在海拔四五千米的昆仑山深处，随着山川的变迁，风雪的侵蚀，或裸露于天地之间，或崩落在地，冲入河流，在漫长的岁月里逐渐冲去棱角，变为滚圆润泽的卵石，这就是人们所说的"籽玉"，也称"籽料"。

　　这些籽玉历经万年流水冲刷磨砺，瑕疵杂质均得以分解剥除，剩下最为坚实精华的核心，因此成为和阗玉的精华。人们说，这是大地的舍利。

和阗玉珍奇虎皮大籽料
编号：新 2013-001
重量：50kg
尺寸：57cm×33cm×17cm

和阗虎皮黄玉籽料
编号：E2011.12/001
重量：307g
尺寸：21.3cm×5.6cm×2.7cm

和阗玉秋葵皮大籽料
编号：2011.8/111
重量：30.4kg
尺寸：39cm×31cm×13.5cm

玉质的判断

优质和阗玉材应以密度、纯度、润度、硬度、透度这五大指标评价其质地。

密度：结构紧密细腻；

纯度：无瑕疵、杂质；

润度：不干涩，油性好；

硬度：摩氏 6 ～ 6.9 之间，能刻划玻璃；

透度：半透明或微透明，水头适中。

以上五个方面仅为质地评价，如果要考虑价值因素，则还要从色种、产状、色相、形态、皮色等方面进行综合分析。

和阗秋梨皮白玉籽料

编号：

重量：23g

尺寸：42.5cm×20cm×15cm

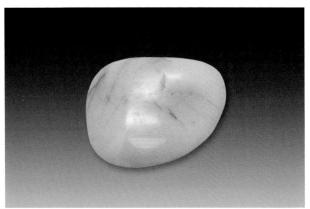

和阗玉象牙黄皮籽料

编号：11.1/04

重量：53g

尺寸：5.3cm×3.8cm×1.9cm

和阗金蟾形洒金皮籽料

编号：新 M002

重量：427g

尺寸：10.4cm×6.7cm

和阗青花大籽料

编号：EL014

重量：20.65kg

尺寸：42cm×23cm×15cm

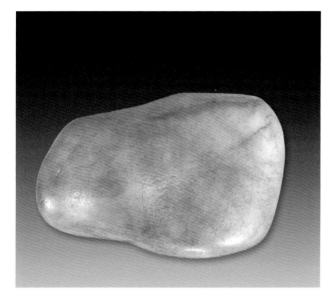

和阗洒金皮籽料

编号：EL11.5/002

重量：12.86kg

尺寸：36.3cm×11.0cm

和阗玉青花大籽料

编号：EL026

重量：38kg

尺寸：50cm×36cm×20cm

第二單元
UNIT 2

古代中国的宝物

几千年来，古玉一直充盈着迷人的文化魅力。它凝聚着山川的精华，浸润着大地的灵气。在神秘的史前社会，它是沟通上天的神器，在帝王主宰天下的岁月里，它是王权神圣的象征。

穿越千年时空，徜徉在玉文化的历史长河，呼吸着远古文明的沧桑气息，领悟着东方君子温润而泽之美德。这是心灵的洗礼，更是感悟人生的最高境界。

周天子会西王母

　　早在原始社会时期就活动于昆仑山、帕米尔高原一带的西王母之邦，是古代西域最大的一个母系氏族社会的部落联盟，也是古西域最早开发利用和阗玉的原始先民部落之一。

　　周穆王十七年，穆天子乘八骏之辇西巡昆仑山联络各部落，会见西王母之邦的女性酋长西王母。这是继公元前 2247 年西王母向舜帝敬献西域地图之后，中原王朝统治者一次极为盛大的出访活动。西王母在帕米尔高原之巅的"瑶池"设盛宴款待周穆王，与远道而来的穆天子吟诗唱和。依依惜别时，周穆王留下了产自中原的黄金、朱砂、海贝等珍贵礼品，西王母也向穆天子回赠了以昆仑山美玉为代表的西域特产，令阅尽天下稀世珍宝的周穆 王视若珍宝，爱不释手。

鸿门宴

　　秦朝末年，共举义旗反秦的楚王项羽与汉王刘邦相约，先攻入秦都咸阳者为帝。公元前 206 年，刘邦率汉军率先攻占咸阳，随后项羽也率大军进驻陕西临潼的鸿门一带，拟消灭刘邦，夺取帝位。楚军谋士范增策划在鸿门款待刘邦，命武士项庄在席间舞剑助兴，约定以手中玉玦为号，摔玦之时刺杀刘邦。汉军猛将樊哙闻讯后持剑执盾闯入堂内，立于刘邦身后护卫。使范增无计可施，刘邦趁机脱险。

　　范增手中那只精致华丽的玉玦未能掷出，从而改写了中国历史。

中国古代玉文化

　　古代以玉作仪礼祭祀之器，《周礼》中规定："玉作六器，以礼天地四方，以苍璧礼天，以黄琮礼地，以青珪礼东方，以赤璋礼南方，以白琥礼西方，以玄璜礼北方。"

　　随着和阗玉的发现和利用，玉器制作无论从玉质、造型、纹饰和使用的范围及数量上，都大大超过前代。尤其是儒家学说介入后，玉文化更成为社会主导文化的重要部分。人们以玉的高贵象征帝王、贵族的权利和地位，以玉的坚韧温润比喻君子的高尚情操。玉的地位得到空前提高。

红山文化神人头

编号：21-20

重量：129.7g

尺寸：7cm×6.8cm

红山文化神枭

编号：21-104

重量：

尺寸：8.5cm×6.8cm

良渚文化玉器

编号：21-105

重量：63.6g

尺寸：5cm×5.7cm

齐家文化玉斧

编号：21-55

重量：333.9g

尺寸：20.6cm×6.3cm

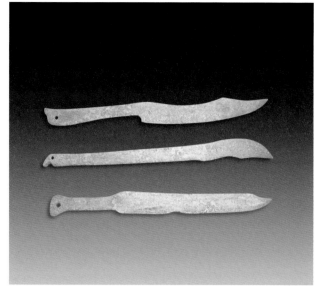

新石器时代玉刀

编号：21-45

重量：不等

尺寸：不等

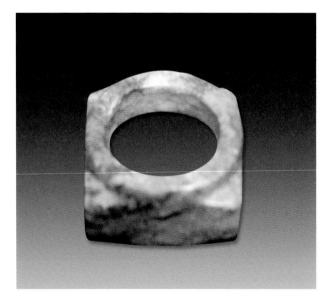

玉琮

编号：21-96

重量：67.5g

尺寸：内径3.3cm

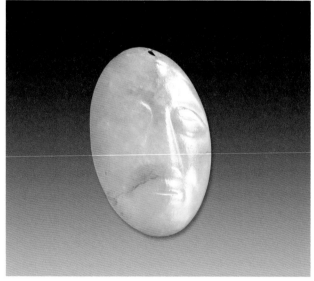

人面佩

编号：1-18

重量：17.7g

尺寸：5.2cm×4cm

古代玉器

　　玉器蕴含着丰富的思想文化内涵，传递着历史文化的重要信息，是了解历史的宝贵资料。历代玉器精品，其造型、纹饰和工艺均反映出特定时代的艺术特点和水平。殷商玉器上承红山文化抽象诡秘之风，又与新石器时代素无纹饰形成鲜明对比，其造型千姿百态，形象写实生动，意蕴深妙；战汉玉器大量采用和阗玉材，造型空前丰富，纹饰细腻繁密，抛光极为精湛，不愧高度精美之誉；发展到清代乾隆盛世的玉器，精致、富丽和繁华的艺术风格，代表中国封建社会后期玉雕艺术的最后辉煌。和阗玉在中华玉文化发展的漫长历史过程中，成为举世公认的"国石"。

束发器（红山文化）

编号：21-103

重量：260g

尺寸：12.7cm×7.4cm

玉佩（战国）

编号：32-43

重量：2.8g

尺寸：1.8cm×1.8cm×0.3cm

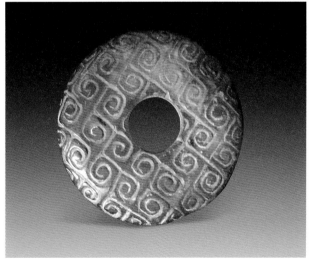

玉环（战国）

编号：21-15

尺寸：外径3cm

汉代人的生命观

　　吉祥文化是中国文化的永恒主题，在汉代尤为发达。玉器充分表现吉祥文化，是因其特殊的文化内涵。吉祥玉器主要分为六类：一、驱兽除病类；二、神兽灵禽类；三、守备猛兽类；四、仙人羽流类；五、征祥祝词类；六、仙公仙母类。吉祥文化的哲学价值说明了生命存在价值（长生长乐）、生命延续价值（宜子宜孙）和超越生命价值（超世成仙）。这种思想具有传统人文精神的双重性。

玉猪（东汉）

编号：新 7-30

重量：89.3g

尺寸：7.6cm×2.3cm

玉衣片（东汉）

编号：20-25

重量：不等

尺寸：不等

玉蝉（汉代）

编号：20-50

重量：8.5g

尺寸：2.8cm×1.8cm×1cm

秋山与春水

　　辽金时期的玉器是一道亮丽的风景线。辽金文化多源于中原，形器近似唐宋之风，但题材喜用游牧民族生产生活的内容，并表现自己对生活的理解。总体风格沉郁浑朴、刚劲俊伟。"秋山"玉指林中小鹿悠闲自乐的景象；"春水"玉表现春天狩猎的紧张场面。这类题材是辽代特别是金代玉器的典型画面。此期工匠掌握了复杂的多层镂雕技艺，这是玉雕史上的巨大进步

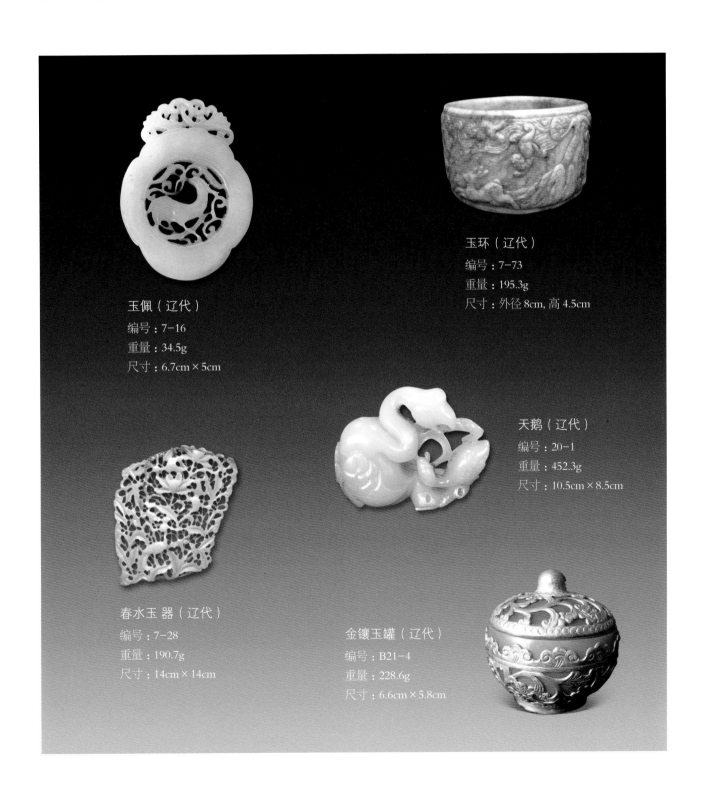

玉佩（辽代）
编号：7-16
重量：34.5g
尺寸：6.7cm×5cm

玉环（辽代）
编号：7-73
重量：195.3g
尺寸：外径8cm，高4.5cm

天鹅（辽代）
编号：20-1
重量：452.3g
尺寸：10.5cm×8.5cm

春水玉器（辽代）
编号：7-28
重量：190.7g
尺寸：14cm×14cm

金镶玉罐（辽代）
编号：B21-4
重量：228.6g
尺寸：6.6cm×5.8cm

辽金神玉

　　辽金时期佛教艺术题材的玉器独具特色，主要是飞天、摩羯和迦楼罗神鸟。飞天源于唐代，飘然灵动，为神人，时至辽金，飞天形象粗放简约，风格拙钝凝练；神鸟源出印度，传说中可降龙神，故人尊仰之，在中国，此为人鸟合一形象；摩羯也来自印度，为佛语，鱼龙同形，鱼首龙身。辽金以自然物与神灵结合的神玉造型，在玉器史上首次出现。此期多用优质和阗玉。

飞天（辽代）

编号：7-83

重量：34.2g

尺寸：6.5cm×3.3cm

飞天（辽代）

编号：新7-6

重量：14.9g

尺寸：5.3cm×2.8cm

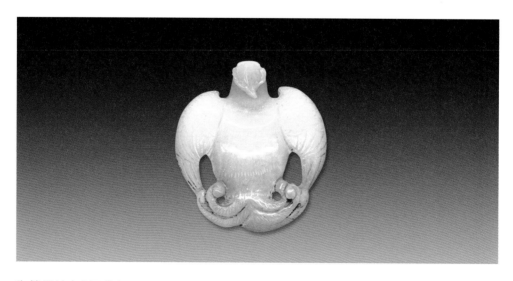

迦楼罗神鸟（辽代）

编号：7-21

重量：39.1g

尺寸：6cm×5.7cm

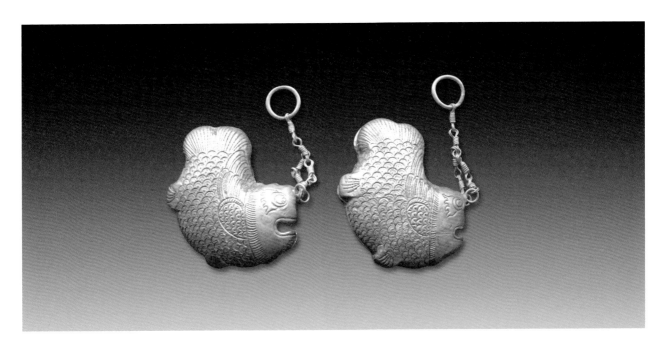

金镶玉摩羯粉盒（辽代）

编号：1-40

重量：54.8g

尺寸：5.0cm×3.8cm×2.2cm

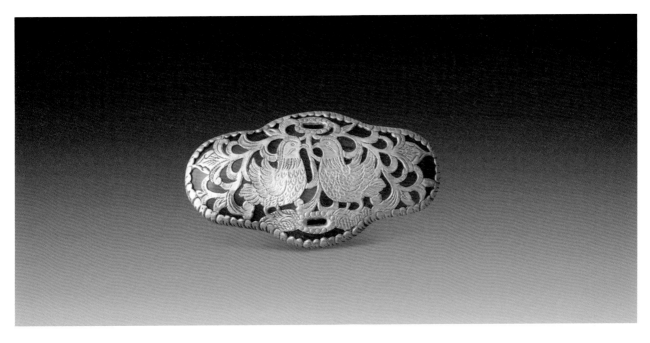

金镶玉臂韝（辽代）

编号：1-43

重量：36.9g

尺寸：8.6cm×4.4cm

中华玉德

　　中国传统文化极具本质性的特征是阴阳二元文化及其"中和"思想。"阴柔"是其主要文化内涵。和阗玉坚利、厚朴和温润，温润是其特质。因此，和阗玉的文化内质与中国传统文化相一致。

　　《礼记·聘义》中记载了孔子关于"仁、知、义、礼、乐、忠、信、天、地、德、道"的"十一德"之说。"十一德"中"仁：温润而泽"、"知：缜密以粟"、"乐：叩之其声清越以长"、"忠：瑕不掩瑜，瑜不掩瑕"等四点均属质地、光泽、结构、声响等特点，这只有和阗玉才同时具备。

玉童（宋代）
编号：7-84
重量：95.1g
尺寸：7.5cm×4cm

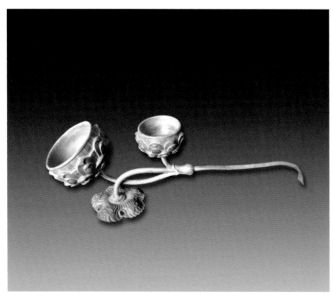

如意（辽代）
编号：新109.8/7-34
重量：751g
尺寸：37cm×9cm

元代玉带

编号：32-26

重量：不等

尺寸：不等

玉杯（明代）

编号：B21-3

重量：100.2g

尺寸：6.6cm×3.1cm

辟邪（民国）

编号：32-41

重量：138g

尺寸：7.2cm×5cm

清代玉器的审美观

　　清代玉器以宫廷作品为代表，纹饰繁缛细密，器型丰富繁华，主要使用和阗玉材。和阗玉以极其温润柔美的品质，最能代表玉的本质美，最能体现中华民族爱玉、崇玉的典型审美价值。宫廷对玉器的"精美"要求，惟和阗玉的品性才能保证。由于玉材来源充足，出现大型和巨型圆雕作品，代表清代治玉的空前规模和超卓的技艺。

羊脂长眉罗汉（清代）

编号：21-1

重量：180.4g

尺寸：8.1cm×6.2cm

鼻烟壶（清代）

编号：32-37

重量：46.4g

尺寸：5cm×4.2cm

凤佩（清代）

编号：L2011.6/001

重量：34.1g

尺寸：6.8cm×4cm

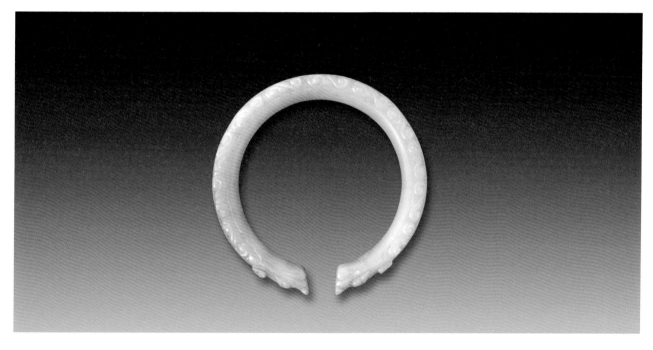

龙镯（清代）

编号：新7-28

重量：34.6g

尺寸：7.6cm×7.6cm

第三單元

UNIT 3

当代名家作品

　　今天的和阗玉雕作品琳琅满目，内容与形式不断创新，玉业成就硕果累累，成为我国工艺领域的精粹。玉雕大师的作品精美绝伦，其空灵独特的创意和鬼斧神工的技艺，使之成为最有资格代表传统玉文化的艺术形态。他们今天留存下来的珍品必然是明天的文物。这是中华民族的宝贵遗产。

北京玉雕

　　北京玉雕受皇家文化传统影响，厚重沉稳，典雅高贵。就器皿型而论，北京玉雕以炉瓶、山子、花鸟、人物等为主。炉瓶讲究雄浑大气和整体气势，宽胎与厚重是其传统特征，尤其以花薰及大链瓶为特色；人物雕刻注重人物结构，造型鲜明。当代北京玉雕大师在设计上延续宫廷玉器的大气风格，巧妙运用各个历史时期的图案花纹样，融入其他姐妹艺术，讲究图案整洁，最大限度地展现玉石的自然风采。

苏然大师作品：古典手镯

编号：P2012.11/001

重量：211g

尺寸：内径5.9cm

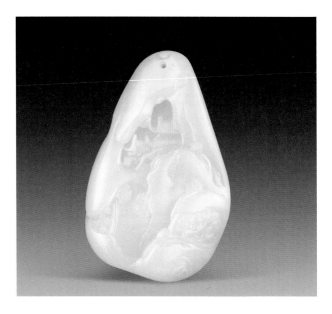

苏然大师作品:《山居秋暝》手件

编号：B2010.8/052

重量：161g

尺寸：9.2cm×5.6cm×2.5cm

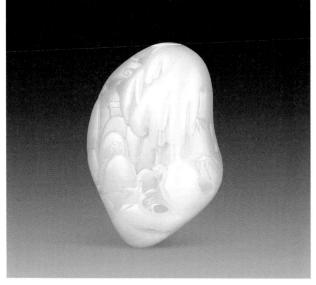

苏然大师作品:《空山新雨》手件

编号：B2010.8/058

重量：192g

尺寸：8.38cm×5.91cm×2.78cm

扬 州 玉 雕

　　扬州琢玉工艺迄今已有 5000 余年的历史，积淀了深厚的历史文化底蕴，在工艺上阴刻线、深浅浮雕、立体圆雕、镂空雕刻等多种技法融为一体，形成了"圆润、儒雅、灵秀、精巧"的基本特征。明清时期，扬州玉师云集，大量承接宫廷玉器制作，此时治玉工艺已达到炉火纯青的高度。

　　在历史上，山子玉雕最能体现扬州玉器的特点，这种玉雕工艺以保形掏洞为特色，注重构图设计和故事情节的表达，讲究意境玉形态。扬州玉雕是中国玉器的优秀代表。

扬州名家作品：《花开富贵》摆件

编号：B2014.1/16

重量：9.6 公斤

尺寸：15.5X54cn

扬州名家作品：《如意兰花》链瓶

编号：B2011.8/004

重量：308g

尺寸：26.3cm×6.8cm×3.5cm

扬州名家作品：《人生如意》摆件

编号：33-3

重量：536g

尺寸：22.8cm×7.3cm

苏州玉雕

　　苏州在历史上就是玉石加工基地，特点是小巧精致，华美飘逸，地域风格明显，宋应星在《天工开物》中说："良玉虽集京师，工巧则推苏郡"。中国历史上最著名的玉雕代表人物陆子冈即出自苏州。今天的苏州玉雕，仿古玉现代、传统与创意并举，仿古件纹饰古朴、端庄大气，现代小件玲珑剔透，细腻精湛。近代崛起的一些苏州玉雕大师，善于在富于创意的拟古作品中整合融入经典的传统元素。使玉雕作品闪射出独具个性的亮点。

孙永大师作品：《兽首佩》

编号：B2010.8/063

重量：57.7g

尺寸：6.1cm×4.0cm×1.0cm

蒋喜大师作品：《飞龙在天》

编号：2012.9/060

重量：105g

尺寸：7cm×4.6cm

孙永大师作品：《璜首佩》

编号：B2010.8/013

重量：39.7g

尺寸：8cm×6.6cm×3.3cm

吴金星大师作品：《古典印章》

编号：YZ1101

重量：125g

尺寸：5.8cm×3.1cm×2.1cm

海派玉雕

　　海派玉雕是以上海为中心、富有浓郁海派文化特色的玉雕艺术流派。海派玉雕以牌子及手玩件为主流，以苏扬二州的玉雕传统为基础，融入上海特有的文化氛围中的鲜活思想，形成创意新颖、工艺精湛的鲜明特色。海派玉牌精细文雅，偏于古典；炉瓶器皿造型严谨、古朴精美；有的大师创作的人物手件，造型夸张，抽象与写实结合；海派玉雕的小山子极为精细，构图讲究多点透视，厚重而柔美。

吴德升大师作品：《裸女》手件

编号：S2011.12/004

重量：52.688g

尺寸：6cm×3.3cm×3cm

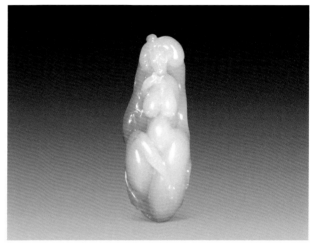

吴德升大师作品：《荷花仙子》手件

编号：2013.3/001

重量：147g

尺寸：9.4cm×3.4cm×2.4cm

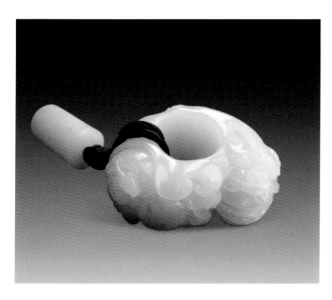

孙永大师作品：《一统四方》手件

编号：XB2012.10/002

重量：176g

尺寸：6.7cm×5.3cm×3cm

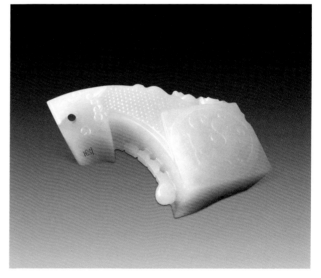

孙永大师作品：《璜樽》手件

编号：XB2012.10/001

重量：198g

尺寸：8cm×5.3cm×3cm

薄胎器皿

　　薄胎器皿是当代"苏作"玉雕的强项。和阗玉这种硬度远超过钢铁的矿物居然可琢磨到如纸张一般的厚度，可以透光，可以漂浮在水面，在常人看来，这一切都不可想象。

　　苏作薄胎器皿融圆雕、浮雕、镂空雕、阴阳细刻、取链活环和打钻掏膛、制口琢磨于一体，它传承清代痕都斯坦玉器工艺风格，但在胎体表面纹饰雕刻深度、胎壁均衡和厚度的处理上，高手的水准远远超越古人。

　　这是中国玉雕发展到今天的惊世之作。

苏州名家作品：《天官炉》

编号：XB2012.7/021

重量：382.9g

尺寸：12.5cm×10.5cm

苏州名家作品：《波斯壶》

编号：XB2012.7/022

重量：264g

尺寸：17cm×15cm×11cm

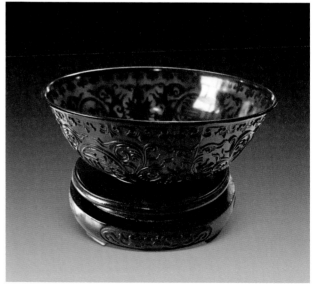

苏州名家作品：《薄胎碗》

编号：XB2012.7/023

重量：125.6g

尺寸：15.5cm×5.5cm

玉山子

　　玉山子是一种大型的玉器陈设品，块度较大，题材以山水或人物故事居多，场面恢弘，富有情节和情趣。

　　玉山子在玉器中敦厚稳重，图案表现方式基本上采用环状高浮雕的技法、具有很高的欣赏性。在治玉盛世清代的宫廷作品中，有很多大型、巨型的玉山，如著名的"大禹治水图玉山"，高达 2.5 米，重达 5.3 吨，而当今收藏市场上，高度超过 30 厘米的山子已属大器了。

　　雕琢山子的玉料一般具有随形的特点，这就要求玉匠具有独特的创意设计能力和因地制宜的本领。相对而言，玉山子对材质的包容性是较强的。

孙永大师作品：《世外观泉》山子

编号：B2011.12/001

重量：442g

尺寸：9.5cm×7.5cm×3cm

新锐艺术家廖江华作品：《大唐佛韵》

编号：2014.07/001

重量：4904g

尺寸：26.5cm×24.3cm

插屏艺术

　　在和阗玉艺术品的类别中，插屏是雕琢为薄片状插于木座的一种陈设器，一般采用高浮雕、浅浮雕、镂空雕等技法，构图精致，玉质讲究，题材广泛，宛如精美的立体画卷。

　　玉插屏始于东汉，盛于清。清代玉插屏图案有花鸟、竹树、风景、古迹、山水、历史典故、吉祥图案等，也有文人诗句等纯文字插屏。随着社会大众生活和艺术鉴赏水平的不断提高，中国玉器市场空前繁荣，插屏类玉雕作品也长足进步，精品相继涌现。和阗玉插屏日益受到各界爱玉人士的关注。

孙永大师作品：《坐看风涛》插屏

编号：BY4-3

重量：1819g

尺寸：17.5cm×11.5cm

孙永大师作品：《青山依旧在》插屏

编号：B2011.9/010

尺寸：41cm×17.5cm

孙永大师作品：《山水寄情》插屏

编号：XB2012.7/003

重量：1613.6g

尺寸：33.5cm×19cm

吉祥图案

　　中国民间广泛流传的吉祥图案，是古人向往和追求美好生活而创造的艺术形式。这种艺术形式代表着传统的民风民俗，具有浓郁的民族特色和大众喜闻乐见的形式，从而代代相传、广受欢迎。

　　和阗玉自古即是中国吉祥文化的重要载体，其图案有人物、花卉、飞禽、走兽、神物等，用借喻、比拟、双关、象征及谐音等表现手法，创造出图案与吉语的完美结合。

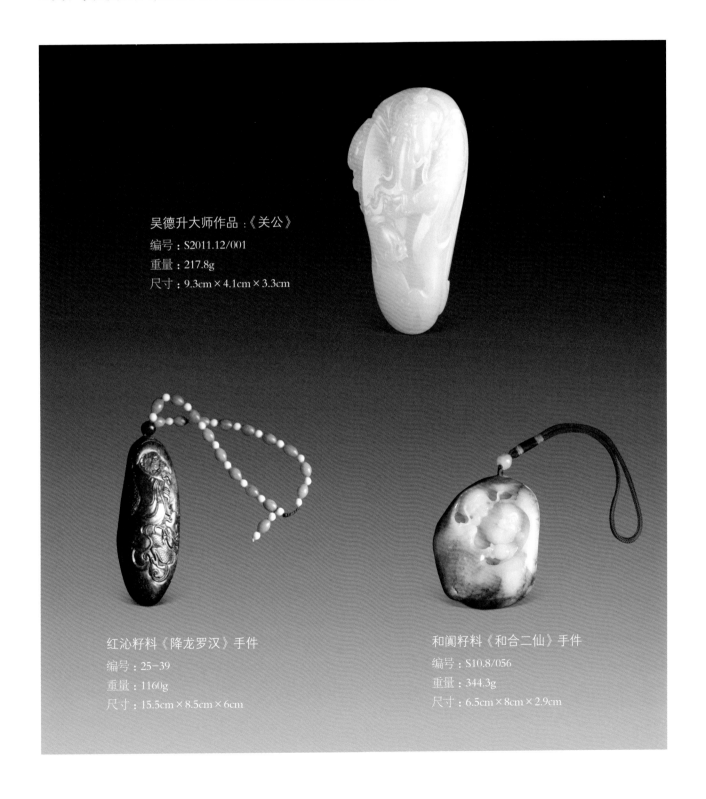

吴德升大师作品：《关公》
编号：S2011.12/001
重量：217.8g
尺寸：9.3cm × 4.1cm × 3.3cm

红沁籽料《降龙罗汉》手件
编号：25-39
重量：1160g
尺寸：15.5cm × 8.5cm × 6cm

和阗籽料《和合二仙》手件
编号：S10.8/056
重量：344.3g
尺寸：6.5cm × 8cm × 2.9cm

俏色与巧雕

　　和阗玉具有白、青、绿、黄、黑多种颜色，千万年的风雨浸蚀，各色玉材的表层又会产生多彩的沁色，这些天然颜色正是创作俏色艺术品的条件。中国玉器历来以选料讲究、加工精湛、设计绝妙为世人称道，而俏色玉器因其玉料颜色利用与造型设计二者达到天然浑成，更显中国玉器之精妙。

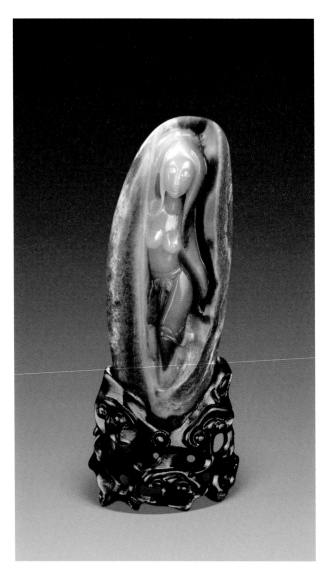

扬州名家作品：《深山有美》

编号：G2011.3/005

重量：204.96g

尺寸：10.43X4.74X27.8cm

顾永骏大师作品：《福临门》插屏

编号：B2010.8/053

尺寸：13cm×10cm

观音与佛

佛教是人类文明的精华，它对东方文化有着深远的影响。佛的世界广大无边，平等圆通，通上彻下。佛教认为人人要平心静虑，快乐不在外界，幸福在自我心中；静思熟虑，少欲知足，舍己为人，自身才会快乐，苦恼才会消除。

在玉雕作品中，观音和佛是最为常见的两大题材。佛经记载，每个人出生后都会有菩萨或佛守护。请一尊观音或弥勒佛在家中供奉是一种内心的虔诚和期盼。更多的人则将观音和佛的小牌佩戴于身，史籍记载，这既具有人玉护养的功能，又是一种护身的作用。

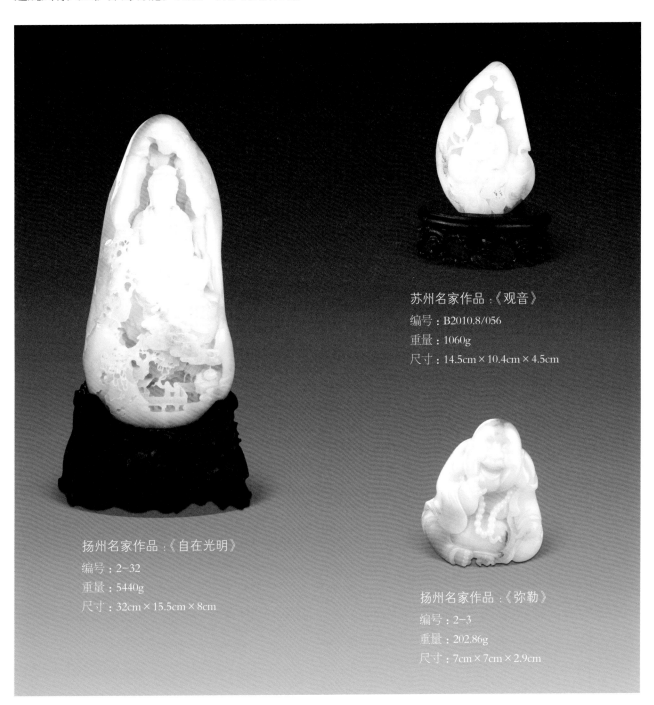

苏州名家作品：《观音》

编号：B2010.8/056

重量：1060g

尺寸：14.5cm×10.4cm×4.5cm

扬州名家作品：《自在光明》

编号：2-32

重量：5440g

尺寸：32cm×15.5cm×8cm

扬州名家作品：《弥勒》

编号：2-3

重量：202.86g

尺寸：7cm×7cm×2.9cm

美在工艺

　　雕琢工艺是表现和阗玉之美的重要部分。第一、精雕细琢。琢磨有规矩，有力度，轮廓清晰，细节突出；玉器表面抛光明亮、圆润、清晰。第二、显工显活。加工时工多活多，小料大作，玉器耐看。第三、特殊技法。如镂空技艺、活环技艺、薄胎技艺、刻字技艺、错金嵌宝技艺等。

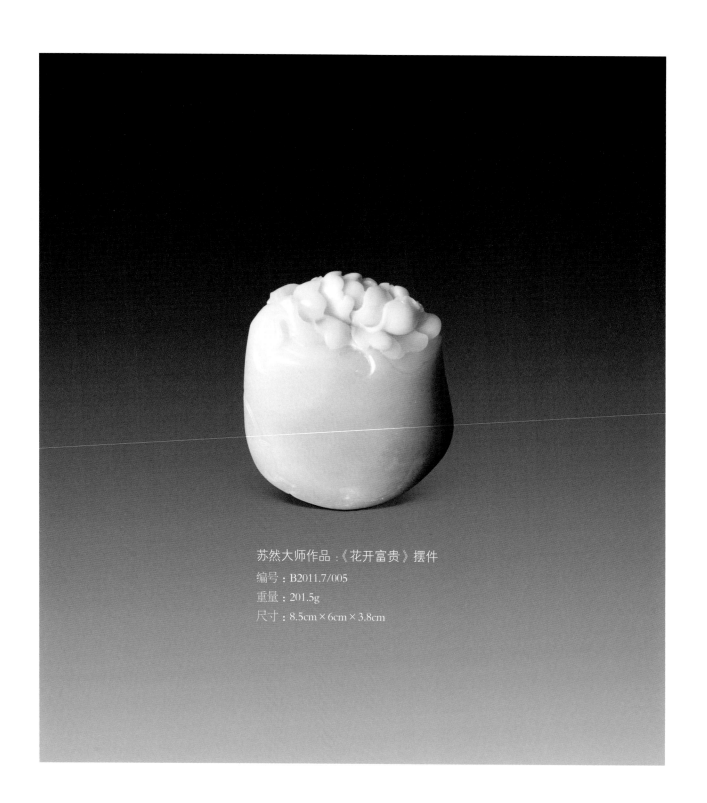

苏然大师作品：《花开富贵》摆件

编号：B2011.7/005

重量：201.5g

尺寸：8.5cm×6cm×3.8cm

孙永大师作品 :《三羊开泰》腰佩

编号 : PZ2011.9/102

重量 : 116.6g

尺寸 : 5.6cm × 5.6cm × 1.9cm

孙永大师作品 :《飞龙在天》牌

编号 : PZ2012.3/001

重量 : 77g

尺寸 : 7.5cm × 5cm

第四單元

UNIT 4

时尚瑰宝

　　时至今日，新潮玉饰正在改变传统的审美。无论是圆满无瑕的手镯，还是精巧灵动的小件，每一件珍品都寄托着中国人美好的愿望和悠长的情思，人们更加关注现代的艺术感觉与新的创意。以"金玉良缘"为旗帜的金镶玉饰为标志，蕴含深厚文化内涵的美玉洋溢出时尚的气息，成为一枚独特的符号。这种古典与现代结合的艺术珍品与充满创意的精美玉饰使中国元素面目一新。

腕上风情

　　和阗玉镯是中国女性的一种高贵的佩饰。它是一种独特的文化，代表幸福和圆满，富贵和自尊，平安和吉祥。从古到今，玉镯都是一种信物，一种留念，一种情感的体验。

　　所有的女性都适合佩戴玉镯，因为它装饰效果明显，容易搭配服饰，适合任何场合，佩戴手镯会使女性显得典雅庄重，或温柔大方，或高贵华美，展现出极致的东方之韵。

　　古人也许认为，和阗玉的保健养颜功能明显，这在佩戴玉镯后，女性手腕的皮肤改善上得到证实。中国女性才能切身体会这种人玉互养之妙。

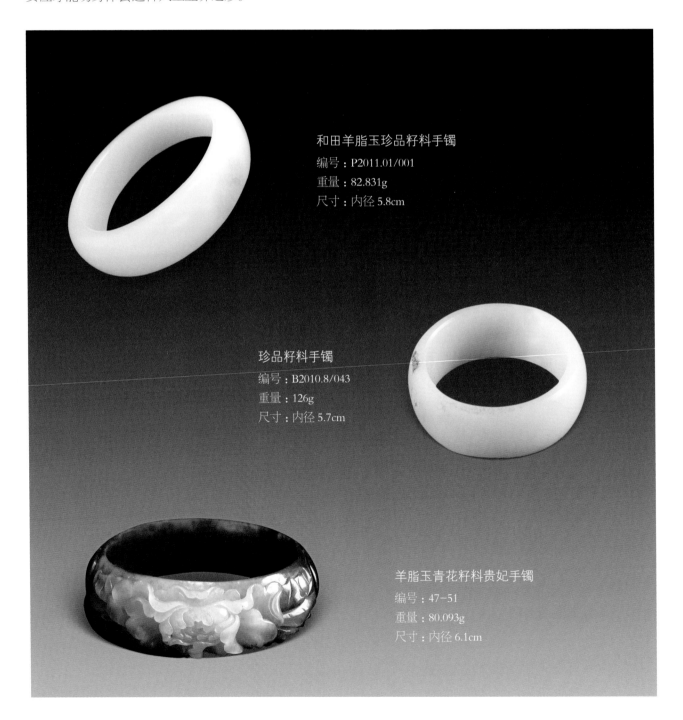

和田羊脂玉珍品籽料手镯
编号：P2011.01/001
重量：82.831g
尺寸：内径 5.8cm

珍品籽料手镯
编号：B2010.8/043
重量：126g
尺寸：内径 5.7cm

羊脂玉青花籽料贵妃手镯
编号：47-51
重量：80.093g
尺寸：内径 6.1cm

和阗羊脂玉籽料《有凤来仪》手镯

编号：P2014.4/006

重量：92.6g

尺寸：内径5.9cm

和阗青花籽料《吉祥三宝》手镯

编号：P2014.4/001

重量：93g

尺寸：内径5.7cm

和阗青花籽料《必定如意》手镯

编号：P2014.4/002

重量：76g

尺寸：内径5.8cm

和阗碧玉手镯

编号：P13.11/015

重量：58.363g

尺寸：内径6.0cm

金玉良缘

　　金镶玉喻示中国传统文化的"金玉良缘"，它是刚与柔的融合与交相辉映。蕴含深厚文化内涵的美玉洋溢出时尚的气息。

　　它可以点缀新潮时装，这是一枚独特的符号，既成为时尚先锋，又全然没有现代都市的浮躁；搭配传统衣裙，则显示古典与现代结合的艺术价值，绝对打破优柔沉闷的色调；如果佩在异域服饰上表现那种特殊的感觉，那一定使人眼前一亮，感到如此独具匠心。

　　新疆历代和阗玉博物馆创作的金镶玉以精细工艺结合完美玉质，体现了中国人独有之温润含蓄的审美观念，亦兼顾西方潮流中的张扬个性。这种细腻的情思凝聚于作品之中，当然适合每一个气质出众的精品女人。

碧玉镶金鹅如意挂件
编号：XJ2011.7/007
重量：7.713g

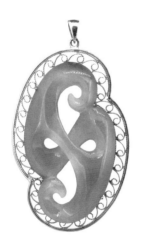

碧玉镶金变形如意挂件
编号：XJ11.2/002-2
重量：10.084g

碧玉镶金如意挂件
编号：YH5745-1
重量：3.6g

原石籽料镶金挂件

编号：S-YYM157293

重量：43-98g

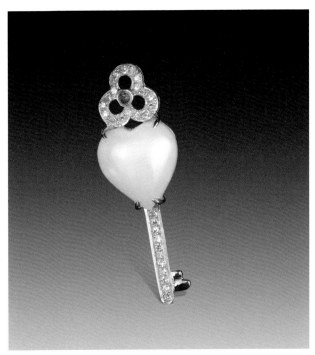

羊脂玉镶金"心灵之匙"吊坠

编号：XJ2011.10/012

重量：3.928g

金镶玉沉香籽料《福寿如意》香囊

编号：为 XJ2010/2-21

重量：18.1g

羊脂玉籽料镶金虎头大平安扣

编号：1-16

重量：22.2g

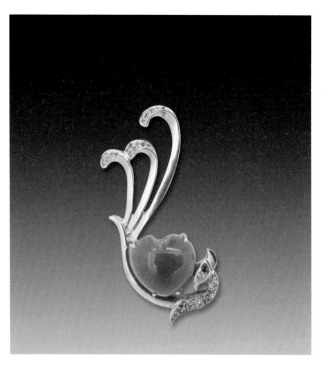

碧玉镶金凤凰挂件

编号：BY0907-74

重量：8.986g

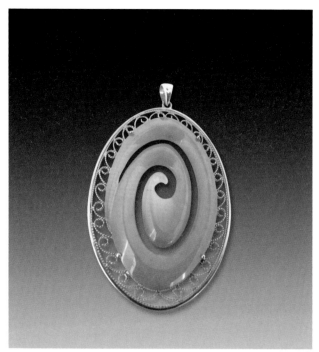

碧玉镶金如意挂件

编号：XJ11.2/002

重量：9.714g

碧玉镶金《蝶恋花》项链

编号：XJ2011.9/002

重量：67.3g

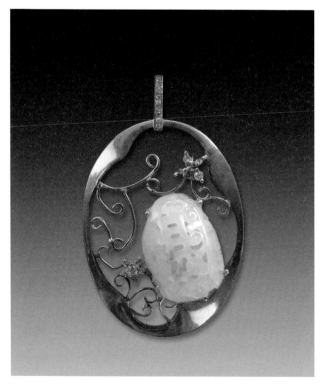

镂空籽料镶金《财富缠身》挂件

编号：BY0811-14

重量：6.8g

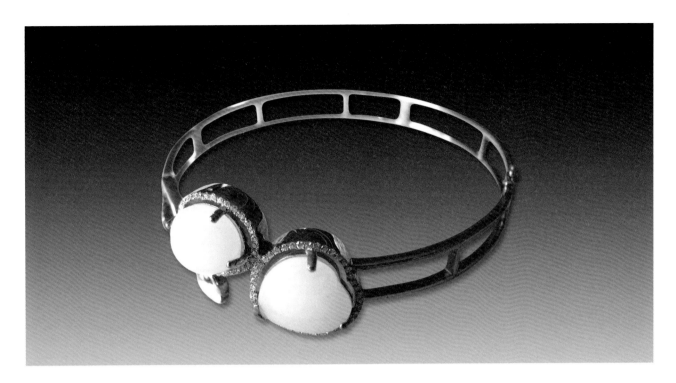

金镶玉手镯

编号：30-5-1

重量：15.4g

籽料镶金《福寿如意》吊坠

编号：XJ2011.10/100

重量：4.23g

籽料镶金《富贵鸟》吊坠

编号：XJ2011.10/100

重量：4.6g

和阗玉佩

　　玉佩是中国独有的一种配饰，它在中国文明史上有着特殊的地位。《礼记》上所说"君子无故玉不去身"讲的就是玉佩与人的关系。

　　珍品玉佩一般都用和阗玉琢制，挂在人的脖子上或系于腰间，显示一种高贵的美感或便于时时把玩。其内容多表现祈福避灾之类的吉祥图案，亦有表现山水情趣的文人题材。现代人们所喜爱的玉牌或手件都归于玉佩之列。

　　和阗玉佩浓缩了东方文明的丰富内涵，它温润纯净的美感融入中国人独有的精神感受，因此成为美玉的主要代表。

和阗玉羊脂玉籽料《福禄万代》香囊

编号：SJ2013.7/024

重量：31g

尺寸：5cm×3.2cm×2.5cm

和阗玉《把把壶》

编号：B2013.12/021

重量：56g

尺寸：5.7cm×3.3cm

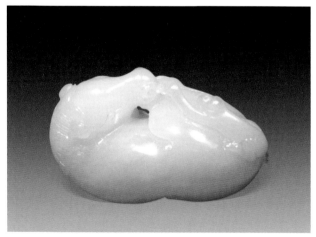

和阗羊脂玉籽料《马上封侯》手件

编号：52-12

重量：68.8g

尺寸：6cm×3.5cm

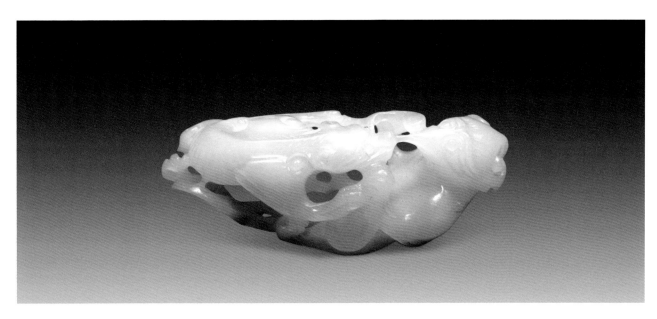

和阗白玉《寿寿如意》把件

编号：S2012.4/011

重量：52.3g

尺寸：7cm×2.5cm×3cm

和阗玉籽料观音挂件

编号：G2014.2/005

重量：55g

尺寸：3.7cm×5.3cm×1.6cm

和阗糖玉古典扳指

编号：Z2014.4/002

重量：135g

尺寸：5.4cm×4.8cm×3.8cm

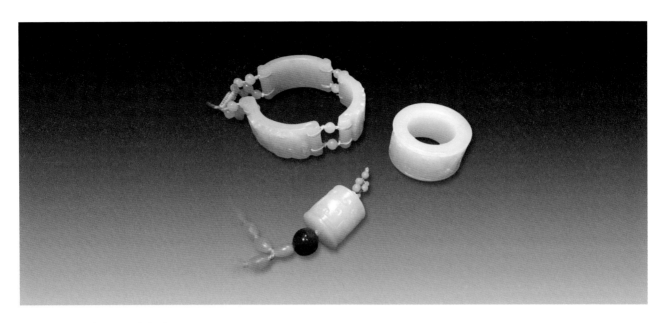

和阗羊脂玉《吉祥三宝》套件

编号：G2014.1/006

重量：119.4g

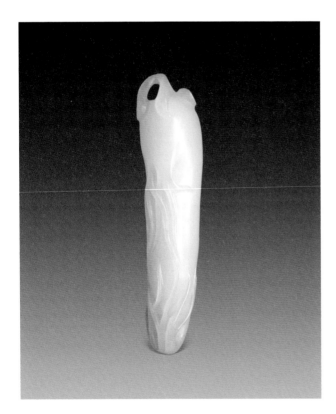

和阗籽料《人生如意》挂件

编号：G2013.3/001

重量：18g

尺寸：5.7cm×1.7cm×1.6cm

和阗籽料镂空《五福捧寿》香囊

编号：S2012.3/001

重量：40.8g

尺寸：7.8cm×5cm×1.2cm

和阗糖玉《福寿如意》腰佩

编号：PZ2011.9/102

重量：115.73g

尺寸：5.5cm×5.5cm×1.8cm

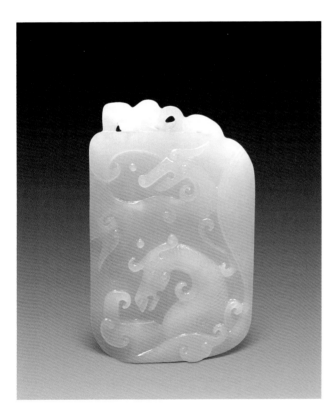

和阗籽料《龙马精神》牌

编号：杨 -003

重量：72g

尺寸：6.2cm×4cm×1.1cm

和阗玉博古手件

编号：杨 B2014.4/002

重量：50.7g

尺寸：6.2cm×4cm×1.1cm

和阗碧玉《福寿如意》腰佩

编号：PZ2012.5/003

重量：120.46g

尺寸：5.5cm×5.5cm×1.7cm

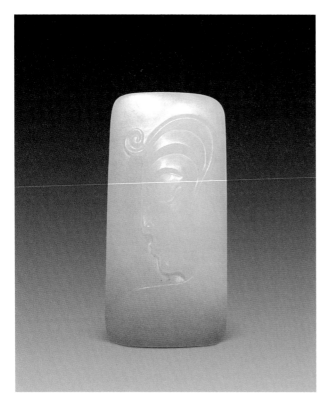

和阗籽料《侧脸观音》牌

编号：G2014.1/003

重量：17.3g

尺寸：3.8cm×1.8cm

和阗糖白玉观音挂件

编号：G2014.1/014

重量：53.6g

尺寸：6.9cm×0.8cm×3.4cm